The Wild Birds of Japan Visual Dictionary Book

自然散策が楽しくなる！

見わけ 聞きわけ

野鳥図鑑

監修・写真
叶内拓哉
Takuya Kanouchi

池田書店

はじめに

　バードウォッチングが一般的にも理解されるようになって、望遠鏡を持って歩いていて「測量ですか？」と尋ねられたり、何を見ているのかと不審がられたりすることもなくなってきた。しかも、カメラがデジタルになったおかげで、敷居が高いと思われていた野鳥撮影もぐっと気軽な趣味になり、最近はただウォッチングをする人よりも、カメラを持っている人の方が多いくらいだ。
　ウォッチングも撮影も楽しいし、野鳥に興味を持つ人が増えることは、図鑑などの野鳥関係の本を出版している私としても大歓迎だ。だが、ウォッチャーやカメラマンが増えても、その鳥の名前さえ分からずにいる人が多いことも事実。簡単な図鑑を1冊手に入れて、せめて名前だけでも知って欲しいと思う。そして、もう一歩進んで、その鳥の鳴き声を聞き分けられたら、いや、どんな声で鳴くのかを知るだけでもきっと世界が広がると思うのだ。
　本書は、身近な鳥から少し特殊な鳥までの200種を選んで、見分け方や、鳴き声の聞き分け方が分かりやすいように構成されている。その場ですぐに鳴き声を確認できる、QRコードも記載されているので、ぜひ活用して欲しい。さあ、本書を手に、バードウォッチングを始めよう！

　　　　　　　　　　　　　　　　叶内拓哉

ホオアカ

The Wild Birds of Japan Visual Dictionary Book

自然散策が楽しくなる！

見わけ 聞きわけ

野鳥図鑑

監修・写真
叶内拓哉
Takuya Kanouchi

池田書店

自然散策が楽しくなる！
見わけ・聞きわけ　野鳥図鑑

もくじ

はじめに	2
本書の使い方	4
QRコードの使い方	6
各部位の名称	8
インデックス	10

身近にいる鳥　18
里山にいる鳥　40
野山にいる鳥　74
水辺にいる鳥　148
海にいる鳥　209
島にいる鳥　237

用語解説	242
服装と持ち物について	248
マナーと心構えについて	250
野鳥の撮影方法について	252
さくいん	254

本書の使い方

メイン写真
その種の代表的な姿です。基本的にオスを掲載しています。

鳥の名前と分類
鳥類の中での種の分類、掲載種の正式な和名と漢字表記、英名を記載してあります。

サブ写真
メイン写真とは異なる羽色（オスメス・夏羽冬羽・成鳥幼鳥など）を紹介します。

DATA
大きさ（全長）、生活型、生息地、観察できる時期、鳴き声。観察時にわかると鳥の生態理解が深まります。

QRコード
スマートフォンやタブレットなどのバーコードリーダー読み取りアプリで読み込むと、この鳥の声を聞くことができます。6～7ページの「QRコードの使い方」もご参照ください。なお、野外で再生するときは鳥の生態を撹乱しないよう、必ずイヤホンを使ってください。

スズメ目アトリ科
イスカ
交喙、交嘴 | Common Crossbill

全体的に橙赤色の個体と黄色の個体がいる
くすんだ黄色をしている
メス
独特のくちばしの交差具合を観察

鳴き声 キョッ キョッ

野山にいる鳥

針葉樹の実を上手に食べるためのくちばし

成鳥オスは翼が黒褐色でほかは橙赤色だが、青味のある黄色の個体もいる。成鳥メスは頭から上面がオリーブ緑色、体下面は黄色っぽい。オスもメスもくちばしは黒く、上のくちばしはまっすぐで、下のくちばしが左右どちらかにくいちがっており、先端は交差する。これはマツやモミノキなどの針葉樹の種子をついばんで食べるため。卵から孵って間もないイスカのヒナは普通のくちばしでまっすぐだが、1～2週間後から徐々に先が交差してくる。しかし下のくちばしが右に出るか左に出るかは決まっていない。冬鳥または留鳥で、本州以北では繁殖が見られることもある。また、一年中群れで生活している。針葉樹林にいて、地面に水を飲みにくる姿がひんぱんに観察できる。

DATA
- 大きさ　全長17cm
- 生活型　冬鳥または留鳥
- 生息地　平地、山地の常緑針葉樹林
- 時期　1月～12月
- 鳴き声　繁殖期は松の枝先に止まって「チュビィチュビィチュリリビィ」と鳴く。

特徴 くちばしが交差している
交差しているくちばしをもっている
上の部分のくちばしは長く下に湾曲し、下のくちばしは左右どちらかの方向に交差する。これは主にマツ類の球果であるまつぼっくりから、種を取り出して食べやすいような構造になっているため。中にくちばしを差し込んでひねることですき間をあけ、そこから種を取り出す。

まめ知識
この鳥をもう一歩深く知ることができるまめ知識。近縁種との比較や興味深い生態などを紹介します。

キャプション

見分けに役立つ形態的な特徴です。

頭頂部から顔の前面が黒い

頬似種のコイカルは初列雨覆と羽先が白い

大雨覆と中央尾羽に紺色の美しい金属光沢

初列風切には横から見ると三角形の白斑

スズメ目アトリ科
イカル
| 鵤、桑鳲 | Japanese Grosbeak

鳴き声 キョッ

鳴き声

代表的な鳴き声です。

ツメ

野鳥を、身近・里山・野山・水辺・海辺・島の6の生息場所に分けています。

野山にいる鳥

本文

生息環境、特徴、食物、その他生態を紹介しています。なお、難しい専門用語については、巻末（P.242〜245）で解説しています。

顔が黒くちばしが太い美しい鳴き声の鳥

平地から山地の林、冬は林近くの農耕地で観察できる。繁殖期以外は群れで行動する。コイカル（P.70）と同じように硬い種子のほか、柔らかいモミジの花、木の葉なども採食する。地面で木の実を食べる姿から、マメマワシ、マメコロガシなどと呼ばれた。「鵤」は角のように丈夫なくちばしからつけられた。飛翔ははっきりした波状飛行で、群れで飛ぶと群れ全体も波のように上下に動く。オスメス同色で、成鳥は頭と顔の前面が黒い。後頭から腰と喉からの体下面は灰褐色で下腹部は淡色。翼と尾羽は黒く、大雨覆と中央尾羽に紺色の金属光沢が見られる。初列風切には白斑がある。幼鳥の頭は黒くない。

見分け方

鳴き声と美しい姿を愛でる鳥

「月日星」と聞きなされるような鳴き声でさえずることから三光鳥とも呼ばれ、古くから歌などにも詠まれてきた。翼を広げると白い翼帯が目立つ。また、サンコウチョウ（P.100）の聞きなしも「月日星」である。類似種のコイカルとの差は、初列雨覆の一部と、風切の羽先が白かったらコイカル。イカルは頭頂部から顔の前面だけが黒くなっている。

DATA

▶ 大きさ	全長23cm
▶ 生活型	留鳥または漂鳥
▶ 生息地	平地から山林の林、冬は林近の農耕地
▶ 時期	1月〜12月
▶ 鳴き声	地鳴きは「キョッ」で、さえずりは「キーコーキー」
	聞きなし「月日星」「お菊二十四」

ページ数

本全体のページ数は、さくいんやインデックスから検索する際の目安にしてください。

見分け方

その種を識別するときにポイントとなる特徴を紹介しています。

聞きなし

聞きなしとは、鳥の鳴き声を人のことばに置き換えて覚えやすくしたものです。

QRコードの使い方

掲載されているQRコードからスマートフォンやタブレットの「バーコードリーダー機能」でウェブサイトにアクセスすると、野鳥の鳴き声を再生できるようになっています。「バーコードリーダー機能」でQRコードを読み取ってください。

※「バーコードリーダー機能」と「カメラ機能」は異なる機能です。ご了承ください。

◆▶ サービスをご利用いただける機種

QRコードが読み取れる端末、音声が再生できる機種でご利用可能です。

＜ご利用の前に＞

1. 機種ごとの操作方法や設定に関してのご質問には対応いたしかねます。ご了承ください。
2. 予告なくサーバーをメンテナンスする可能性がございます。その際は当該ウェブサイトにアクセスができなくなります。
3. ダウンロードしたファイル名が文字化けする場合は、お持ちの機種の表示設定を変更してください。
4. 音声データの著作権は認定NPO法人バードリサーチと株式会社池田書店に属します。個人ではご利用いただけますが、再配布や販売、営利目的の利用はお断りいたします。
5. スマートフォンやタブレットを使用する地域によっては、送受信が圏外となる場合がございます。その際は、本サービスはご利用になれませんので、ご了承ください。

◆▶ 音声を聞いたりダウンロードしたりするときは

別途通信料がかかります。

Wi-Fi環境下で音声を聞いたり、ダウンロードしたりすることをおすすめいたします。

- パソコンからアクセスしたとき、ページ下部の「鳴き声ファイル一括ダウンロード」をクリックすると、全ての野鳥の鳴き声をmp3形式でダウンロードすることができます。
- 野山や里山など、情報データの受信が困難な場所へバードウォッチングに出かけるときは、音声をあらかじめダウンロードしておくと、出かけ先でネットを使わずに音声が聞けます。

◆ QRコードの読み取り方

操作方法

1 スマートフォンのバーコードリーダー機能があるアプリを立ち上げます。

▼

2 本書のQRコードを読み取ります。

▼

3 接続の確認画面が出るので、接続を許可します。

▼

4 ▶（再生ボタン）を押す（タップする）と、鳴き声が再生されます。

▼

5 続けてほかの野鳥の鳴き声が聞きたい場合は、「一覧ページ」を押します。

▼

6 野鳥の一覧が表示されるので、聞きたい野鳥の名前を選択し、**4**と**5**を繰り返します。

◆ パソコンでもご利用いただけます

| URL | http://www.ikedashoten.co.jp/space/yacho2/index.html |
| パスワード | i6756 |

利用方法

1 ブラウザを立ち上げ、上記のアドレスを入力します。

▼

2 野鳥の一覧が表示されるので、ページ下部の「鳴き声ファイル一括ダウンロード」をクリックして音声ファイルをダウンロードします。

▼

3 ファイルが圧縮されているので、パスワード「i6756」を入力して展開します。

▼

4 展開すると、複数のファイルが表示されるので、聞きたい野鳥の鳴き声のファイルを選択します。

注意
※圧縮ファイルとは、元々のデータの内容を変えずに、データサイズを縮小したファイルのことで、「展開ソフト」を用いて縮小したファイルを復元する必要があります。
※パソコンの環境によっては、展開用のソフトをインストールする必要があります。上記以外の方法に関してのご質問にはお答えしかねますので、ご了承ください。

各部位の名称

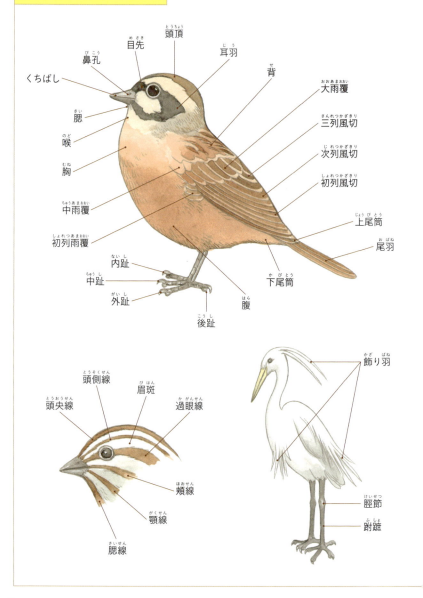

インデックス

身近にいる鳥

コゲラ
▶ P.18

モズ
▶ P.19

シジュウカラ
▶ P.20

オナガ
▶ P.22

ハシボソガラス
▶ P.23

ハシブトガラス
▶ P.24

ツバメ
▶ P.25

コシアカツバメ
▶ P.26

イワツバメ
▶ P.27

ヒヨドリ
▶ P.28

ウグイス
▶ P.30

メジロ
▶ P.31

ムクドリ
▶ P.32

ジョウビタキ
▶ P.34

ニュウナイスズメ
▶ P.35

里山にいる鳥

スズメ
▶ P.36

カワラヒワ
▶ P.37

ハクセキレイ
▶ P.38

キジ
▶ P.40

キジバト
▶ P.41

ナベヅル
▶ P.42

ハリオアマツバメ
▶ P.43

ケリ
▶ P.44

ハチクマ
▶ P.45

オオタカ
▶ P.46

インデックス

野山にいる鳥

ライチョウ ▶ P.74	エゾライチョウ ▶ P.76	カラスバト ▶ P.77	アオバト ▶ P.78	ズグロミゾゴイ ▶ P.79
ジュウイチ ▶ P.80	ホトトギス ▶ P.81	カッコウ ▶ P.82	ツツドリ ▶ P.84	ヨタカ ▶ P.85
アマツバメ ▶ P.86	オオジシギ ▶ P.87	ツミ ▶ P.88	コノハズク ▶ P.89	フクロウ ▶ P.90
トラフズク ▶ P.92	アカショウビン ▶ P.93	ブッポウソウ ▶ P.94	アリスイ ▶ P.95	オオアカゲラ ▶ P.96
クマゲラ ▶ P.97	チゴハヤブサ ▶ P.98	サンショウクイ ▶ P.99	サンコウチョウ ▶ P.100	ホシガラス ▶ P.101

 キクイタダキ ▶ P.102
 ヤマガラ ▶ P.103
 ヒガラ ▶ P.104
 メボソムシクイ ▶ P.105
 エゾムシクイ ▶ P.106

 センダイムシクイ ▶ P.107
 シマセンニュウ ▶ P.108
 ウチヤマセンニュウ ▶ P.109
 エゾセンニュウ ▶ P.110
 コヨシキリ ▶ P.111

 セッカ ▶ P.112
 ゴジュウカラ ▶ P.113
 キバシリ ▶ P.114
 ミソサザイ ▶ P.115
 コムクドリ ▶ P.116

 カワガラス ▶ P.117
 マミジロ ▶ P.118
 トラツグミ ▶ P.119
 クロツグミ ▶ P.120
 アカハラ ▶ P.121

 コマドリ ▶ P.122
 コルリ ▶ P.123
 ルリビタキ ▶ P.124
 サメビタキ／コサメビタキ ▶ P.126
 キビタキ ▶ P.128

インデックス

里山にいる鳥

ノビタキ ▶ P.130	オオルリ ▶ P.131	イワヒバリ ▶ P.132	カヤクグリ ▶ P.133	キセキレイ ▶ P.134
ビンズイ ▶ P.135	アトリ ▶ P.136	マヒワ ▶ P.137	ウソ ▶ P.138	イスカ ▶ P.140
イカル ▶ P.141	ホオアカ ▶ P.142	カシラダカ ▶ P.143	ノジコ ▶ P.144	ミヤマホオジロ ▶ P.145

水辺にいる鳥

| アオジ ▶ P.146 | クロジ ▶ P.147 | ヒシクイ ▶ P.148 | マガン ▶ P.150 | コハクチョウ ▶ P.151 |

オオハクチョウ
▶ P.152

オシドリ
▶ P.154

オカヨシガモ
▶ P.155

ヒドリガモ
▶ P.156

マガモ
▶ P.157

カルガモ ▶ P.158	**ハシビロガモ** ▶ P.159	**オナガガモ** ▶ P.160	**コガモ** ▶ P.161	**ホオジロガモ** ▶ P.162
カワアイサ ▶ P.163	**カイツブリ** ▶ P.164	**カンムリカイツブリ** ▶ P.165	**コウノトリ** ▶ P.166	**カワウ** ▶ P.167
ウミウ ▶ P.168	**ゴイサギ** ▶ P.169	**ササゴイ** ▶ P.170	**アオサギ** ▶ P.171	**ダイサギ** ▶ P.172
コサギ／チュウサギ ▶ P.174	**タンチョウ** ▶ P.176	**クイナ** ▶ P.178	**バン** ▶ P.179	**オオバン** ▶ P.180
タゲリ ▶ P.181	**イカルチドリ** ▶ P.182	**コチドリ** ▶ P.183	**タシギ** ▶ P.184	**オグロシギ** ▶ P.185

インデックス

水辺にいる鳥

 チュウシャクシギ ▶ P.186

 クサシギ ▶ P.187

 タカブシギ ▶ P.188

 イソシギ ▶ P.189

 キョウジョシギ ▶ P.190

 オバシギ ▶ P.191

 トウネン ▶ P.192

 ハマシギ ▶ P.193

 アジサシ／コアジサシ ▶ P.194

 タマシギ ▶ P.196

 トビ ▶ P.197

 オジロワシ ▶ P.198

 ヤマセミ ▶ P.199

 カワセミ ▶ P.200

 ショウドウツバメ ▶ P.202

 オオセッカ ▶ P.203

 オオヨシキリ ▶ P.204

 セグロセキレイ ▶ P.205

 タヒバリ ▶ P.206

 ベニマシコ ▶ P.207

海にいる鳥

 オオジュリン ▶ P.208

 コクガン ▶ P.209

 ホシハジロ ▶ P.210

 キンクロハジロ ▶ P.211

 スズガモ ▶ P.212

コオリガモ ▶ P.213
 ウミアイサ ▶ P.214
 アカエリカイツブリ ▶ P.215
アビ／オオハム／シロエリオオハム ▶ P.216
 アホウドリ／コアホウドリ ▶ P.218

 オオミズナギドリ ▶ P.220
 ダイゼン ▶ P.221
 シロチドリ ▶ P.222
 セイタカシギ ▶ P.223
 オオソリハシシギ ▶ P.224

  アオアシシギ ▶ P.225
  キアシシギ ▶ P.226
 ズグロカモメ ▶ P.227
 ユリカモメ ▶ P.228
 ウミネコ ▶ P.230

  カモメ ▶ P.231
 オオセグロカモメ ▶ P.232
 ミサゴ ▶ P.233
 オオワシ ▶ P.234
 イソヒヨドリ ▶ P.236

島にいる鳥

 カンムリワシ ▶ P.237
 リュウキュウツバメ ▶ P.238
 メグロ ▶ P.239
 アカコッコ ▶ P.240
 アカヒゲ ▶ P.241

※各章ごとの野鳥の並びは、『日本鳥類目録　改訂第7版』(2012年 日本鳥学会)に基づきます。
※一部、編集の都合上、順番を入れ替えています。ご了承ください。

コゲラ

キツツキ目キツツキ科

小啄木鳥 | Japanese Pygmy Woodpecker

- オス
- 見えたらラッキーな赤色羽は年齢とともに増える
- メスの後頭部両脇には赤い羽がない
- メス
- 背と翼は黒褐色で白い斑がある
- 鳴き声 ギイー

身近にいる鳥

ちらりと見える赤いバンダナ

一定の区域内を木から木へと一日中移動をしている。もともと山地にいたが、最近は都心部の公園などの街路樹でもよく観察できるようになった。非繁殖期はシジュウカラ（P.20〜21）の群れに混じっていることもある。オスメスほぼ同色だが、オスの後頭部の左右両側にそれぞれ3〜10枚の小さな赤色羽があるので、オスとメスが簡単に判別できそうだが、樹上にいると小さい羽根だけに判別は意外と難しい。この赤色羽は年齢とともに増加すると考えられている。日本で観察できるキツツキの仲間の中では最も小さい種類で、くちばしで木を強く連続して叩いて「トロロロ」と音を出すドラミングをする。つがいや家族同士で「ギイー」という声を出し合って確認する。

DATA

- ▶ 大きさ　全長15cm
- ▶ 生活型　留鳥
- ▶ 生息地　平地から山地の林など
- ▶ 時期　1月〜12月
- ▶ 鳴き声　「ギイー」「キッキキキキ」と金属的な鳴き声を出す。

観察

全国どこでも観察できる小さいキツツキ

日本の中で一番小さいキツツキは、北海道から沖縄・西表島まで、ほぼ全国に分布・繁殖しており、身近に観察できる。九州に分布するキュウシュウコゲラ、沖縄本島や屋我地島に分布するリュウキュウコゲラ、北海道に分布するエゾコゲラなど、たくさんの亜種に分けられる。地方ごとに羽色が多少違い、南方に行くほど羽色が濃くなる傾向がある。

スズメ目モズ科

モズ

百舌 | Bull-headed shrike

比較的大きな頭部

オスは黒く目立つ過眼線が印象的

鳴き声：キィーキィー

メス

オスの翼には白斑があるが、メスにはない

小さくても肉食の優れたハンター

留鳥または漂鳥で、縄張りをもち、昆虫やカエル、ミミズなどや、ヘビ、ネズミ、小鳥などを採食する動物食。漢字で百舌と書く通り、いろいろな鳥の鳴き声を真似ることができる。古くから身近な鳥として「モズの高鳴き」「モズのはやにえ」「百舌勘定」などモズにかかわる言葉も多い。

外見ではオスの過眼線が黒く、くちばしがかぎ型で鋭い。頭部が丸く大きいので遠い場所にいてもシルエットで判別できる。成鳥オスは頭と後頸、脇腹が茶色で、初列風切の基部が白斑。成鳥メスは頭からの上部が茶色で翼に白斑がない。また、メスは過眼線が褐色である。

身近にいる鳥

解説

モズの高鳴きとはやにえは有名

秋から11月頃にかけて「高鳴き」と呼ばれる激しく印象的な鳴き声を出して縄張り争いをする。縄張りを確保した後はその範囲内で単独で越冬する。また獲得した獲物を木の枝先や有刺鉄線などに突き刺したり、木の又に挟んだりする「はやにえ」という習性をもっている。貯食や縄張りのために行うとみられているがはっきりしたことはまだわかっていない。

DATA

- 大きさ　　全長20cm
- 生活型　　漂鳥または留鳥
- 生息地　　水辺、市街地
- 時期　　　1月〜12月
- 鳴き声　　ウグイス、メジロやコジュケイなどの鳴き声を真似る。普段は比較的ゆっくりしたテンポで「キィーキィー」。

スズメ目シジュウカラ科

シジュウカラ

| 四十雀 | Japanese Tit

オス

雨覆と風切部分は灰色がかった青色

黒色縦線は細く足まで届かない

メス

鳴き声
ツピイ

腹中央にはネクタイのような黒い部分がある

身近にいる鳥

どこでも観察できる親しみやすい野鳥

市街地の樹木が比較的多い庭園や公園、住宅地から山地の林などのほか、冬季は川原や池のアシ原でも見かける鳥。成鳥の身体の特徴は顎から上が黒く、頬が白。背中が緑黄色で雨覆と風切部分が灰色がかった青色で、体下面はグレーがかった白、喉から下尾筒までの中央部に黒い筋が入る。この黒い線はオスの方が太く、メスが細い場合が多い。繁殖期にはオスが枝先に止まって「ツピツピツピ」とさえずる声がよく聞こえる。京都大学生態学研究センターの調査では、鳴き声に独自の文法を持ち、鳥同士で互いにコミュニケーションをしている可能性が高いことが明らかになっている。

DATA

▶ 大きさ	全長15cm
▶ 生活型	留鳥または漂鳥
▶ 生息地	市街地、山地
▶ 時期	1月〜12月
▶ 鳴き声	「ツピイ」のほかに、「ジュクジュク」などとも鳴いたりする。「ツピツピツピ…」とさえずる。

生活

繁殖期はつがいで行動

繁殖期の4月〜7月につがいで行動し、木の洞や民家のすき間、ブロック塀の穴などに営巣する。つがいには縄張りがあり、さえずりで宣言したり、縄張りの境目ではほかの個体と追いかけ合って力関係を比べたりする。繁殖期以外は群れで過ごし、エナガ（P.62〜63）やメジロ（P.31）、コガラ（P.59）などほかの種と混群になることもある。

見分け方

オスは太いネクタイをしている

シジュウカラの特徴は、なんといっても白い胸に映えるネクタイのような黒い帯で、オスではこの黒色縦線が喉から腹を通り、下尾筒まで伸びている。下腹部で特に太くなり、足の付け根へと続く。一方メスでは黒色縦線がオスに比べると細く、足の付け根まで届かないほど短い個体が多いので、黒色縦線はオスとメスの見分け方に重要な部分といえる。ただし、ごくまれにメスでもオスと同じように太くなっているものもいる。

採食

雑食の虫好き

雑食性で、昆虫類を好んで食べる。細い枝先に逆さまにぶら下がるなど、アクロバティックな姿勢でクモ類などを捕らえることもある。冬でも越冬中の昆虫類を探して、絶えず林の中を移動する。アシ原では、茎をつついて中にすむカイガラムシを採食する。種子も好物で、脂肪分に富んだ木の実、たとえばミズキやハゼノキなどの種子を食べているところが観察される。木の上や地面で食物を探し、庭の餌台でヒマワリの種やラードなどを食べることもある。

身近にいる鳥

スズメ目カラス科

オナガ

| 尾長 | Azure-winged Magpie

成鳥

真っ黒な頭部上面

体のわりには短くて丸みがある翼

特徴的な美しい青い羽の色

鳴き声
ギューイ

身近にいる鳥

同じ時間に同じ場所で観察できる

一年を通じて群れで生活する習性があり、一日一定の区域内を決まった時間に移動するため、同じ場所で観察できることも。特に朝と夕方に、公園や学校の人の少ない校庭などで姿を見せるが、日中は林の中にいることが多い。頭部上面が黒く、喉から胸と顎は白い。

背と肩羽は青味のある灰色で、初列風切は黒く、基部の外弁は外側2枚以外が濃い水色。尾羽は長く、濃い青色で中央尾羽の羽先が白い。オスとメスは同色で識別は難しい。東日本では増加している地域もあるが、西日本では見られない。雑食で木の実などのほか、昆虫類も採食する。食べ物を貯めておく、貯食という行動も記録されている。

DATA

- 大きさ　全長37cm
- 生活型　留鳥
- 生息地　市街地、山地の林など
- 時期　　1月〜12月
- 鳴き声　飛び立つときに「ギュイキュキュキュキュ キュ」と鳴くことがある。

見分け方

幼鳥はごま塩のような頭

成鳥はオスメスとも同様に、真っ黒な頭部上面をもっているが、幼鳥はこの黒い頭に白斑があり、まるでごま塩頭のように見えることも。また、成鳥に比べると幼鳥は尾羽も短い。また全ての尾羽下面の先端が白いので容易に区別がつく。

スズメ目カラス科

ハシボソガラス

嘴細鳥 | Carrion Crow

- 頭を上下に振りながら鳴く
- 尾羽は飛行中に凸羽に見えることがある
- ハシブトガラスに比べると細いくちばし
- ウォーキングのように歩く

\鳴き声/ ガァーガァー

植物性嗜好のくちばしの細いカラス

繁殖期以外は群れで生活し、一定のねぐらをもち、早朝に飛び立って、日中は採食場で過ごす。ハシブトガラス（P.24）と同じく雑食性だが、ハシブトガラスが肉を好むのに対し、ハシボソガラスは草木の実、種、昆虫類などを採食する傾向が強い。特に大きな違いは鳴き声で、しわがれた大きな鳴き声で鳴く。鳴くときに顔を前に突き出して上下に振りながら、お辞儀をするような動作が観察できる。オスメス同色で日光が当たると紫色や青色味のかかった光沢がある。この光沢は成鳥だけのもの。幼鳥は翼が褐色気味で口の中が赤い。名前の通り、くちばしが細いのでハシブトガラスとは区別が可能。

身近にいる鳥

見分け方

動作の違いでハシブトガラスと見分ける

鳴く姿をよく観察していると、顔を突き出し、上下に振りながら、お辞儀をするような動作をしていたらハシボソガラス。飛翔は羽ばたいて、ときどき帆翔したり、群れで旋回することも。また、歩き方はウォーキング。最近はハシブトガラスに追われてハシボソガラスは数を減らしている。

DATA	
▶ 大きさ	全長50cm
▶ 生活型	留鳥または漂鳥
▶ 生息地	市街地、海岸、農耕地、川原、林
▶ 時期	1月〜12月
▶ 鳴き声	ハシブトガラスに比べると濁った声で鳴く。鳴くときの動作に注目。

ハシブトガラス

スズメ目カラス科

嘴太烏 | Large-billed Crow

- 頭を突き出して鳴く
- 上側が大きく湾曲した太いくちばし
- 光り輝く黒色の雨覆
- 黒い足

＼鳴き声／
カァー カァー

日本全国どこでも観察できる大きな野鳥

繁殖期以外は群れで生活する。もとは森林で生活していたが、次第に市街地など人の生活圏内へと進出してきた。都市部ではいわゆるカラスというと、このハシブトガラスのことを指す。地上ではホッピングとウオーキングの両方で歩くことができる。くちばしは太くて黒く、上嘴は大きく湾曲している。足も黒い。幼鳥の羽には褐色部分があり、口の中が赤い。雑食性だが、肉を好む性質もある。都心部でこれほど大型の野鳥が繁殖できた例はほかにない。古くから身近な鳥として、カラスにちなんだ伝説も多く、八咫烏が有名。日本サッカー協会のシンボルマークもこの八咫烏をモチーフにしている。

身近にいる鳥

DATA

- ▶ 大きさ　全長57cm
- ▶ 生活型　留鳥または漂鳥
- ▶ 生息地　海岸、市街地、川原、農耕地など
- ▶ 時期　1月〜12月
- ▶ 鳴き声　鳴くときは、のどを膨らませながら「カアーカアー」と鳴く。
  - ▶ 聞きなし「阿呆阿呆」

見分け方

カラスはいろいろ比べて観察できる

ハシブトガラスとハシボソガラス（P.23）は幼鳥と成鳥の差が著しく、ハシブトガラスの幼鳥は虹彩の色が青や灰色となっている。比較的身近に観察できる野鳥なので、違いを探してみると面白い。また、ハシブトガラスには亜種として、「オサハシブトガラス」、「リュウキュウハシブトガラス」、「チョウセンハシブトガラス」が分布する島嶼域もある。

スズメ目ツバメ科

ツバメ

燕 | Barn Swallow

頭頂からの上面は
美しい黒紺色

\ 鳴き声 /
チュビィ

オスの尾羽はメス
より長く、先がと
がっている

初列風切と大・中雨覆
は緑の光沢

激減している身近な夏鳥

燕尾服という名前の由来となった通り、頭頂からの上面は深く光沢のある黒紺色で、初列風切と大・中雨覆には緑色の光沢がある。尾羽に白斑があり、開くと白線に見える。日本を代表する夏鳥のひとつで、日本で繁殖をしたツバメは台湾を経由してフィリピン、マレーシアで越冬し、再び日本にやってくる。近年、環境の変化により、その数を減らしており、日本野鳥の会などが大規模な調査を実施している。日本ではツバクロなどと呼ばれ、平安時代から貴族たちに愛され、軒下に巣を作ると縁起が良いと言われたことも。オスカー・ワイルドが『幸福な王子』という童話に登場させるなど、人々の身近で愛されてきた。

身近にいる鳥

見分け方

オスの尾羽の方がメスより長い

ツバメのオスとメスは、尾羽の長さで見分けることができる。オスの方が尾羽が長く、メスに比べて先がとがっていて、尾羽が長いほどメスに気に入られやすくなる。類似種との見分け方として、イワツバメ（P.27）の腰部は白く、コシアカツバメ（P.26）の腰部は橙色をしているので、ツバメと識別できる。

DATA

- ▶ 大きさ　全長17cm
- ▶ 生活型　夏鳥
- ▶ 生息地　市街地、農地から山地のひらけた場所
- ▶ 時期　4月〜9月
- ▶ 鳴き声　「チュビィ」と複雑に鳴く。
- ▶ 聞きなし
  「土喰うて虫喰うて渋ーい」

スズメ目ツバメ科

コシアカツバメ

腰赤燕 | Red-rumped Swallow

鳴き声
ジュリ

尾羽を広げた形が
独特のV字形に

腰の部分は橙色か
赤褐色となっている

身近にいる鳥

腰が橙色か赤色で
空を滑るように飛ぶ

最外側尾羽が長く、上面は光沢がある黒。腰は橙色か赤褐色でその名のとおりの姿となっている。飛び方も空を比較的長く滑翔している。特に繁殖期は集団で巣作りする。また、巣の形も独特で、出入り口が細長い徳利や壺状で

あるため、トックリツバメと呼ぶ地方もある。最近は九州などの暖地で越冬する姿も観察できる。下から観察した時、体の下面は薄い褐色で、細い縦斑を見ることができるのも見分け方のポイント。さらに、外側尾羽がV型に長く伸びているのもコシアカツバメの特徴のひとつ。オスメス同色で、幼鳥は尾羽が短く、顔や胸側が褐色。

DATA	
▶ 大きさ	全長19cm
▶ 生活型	夏鳥
▶ 生息地	海岸から市街地、農耕地、丘陵地
▶ 時期	4月〜9月
▶ 鳴き声	鳴き声はやや濁っている。飛行中によく鳴く。

生活

一度作った巣を
使い続ける

巣は枯草と泥をつかって作るが、ほかの種の鳥に乗っ取られることが多く、せっかく作っても実際には半数ぐらいしか使えない。巣は繁殖用だけでなく、ねぐらとして渡りの時期まで修繕しながら長く使い続ける。日本では主に九州から西日本に多く観察できる。

入り口が細く、下部が膨らんだ巣

スズメ目ツバメ科

イワツバメ

岩燕 | Asian House Martin

\鳴き声/ ジュリジュリ

腰と上尾筒が白い

尾羽は黒く浅い凹形をしている

足の指まで羽毛が生えている

滑るように飛びあまりとまらない

足指に白い羽毛が生えているツバメはこのイワツバメだけ。白と黒の配色とこの足の羽毛から、「空飛ぶペンギン」というあだ名が付けられた。常に群れで生活する。羽ばたいては滑翔して飛んでいることが多く、ほかのツバメ類のように電線や樹上に止まっていることは少ない。構造物の壁や海岸にある洞窟の岩壁に泥と枯草で固めたとっくりの首を切りとったような形の巣をつくって集団繁殖する習性がある。オスメス同色で頭からの上面は黒く、頭と背、肩羽には紺色の光沢がある、頸部と頬からの体下面は下尾筒までは汚白色で胸から脇腹は濃い。尾羽は黒く浅い凹型あるいはV字型にも見えて、ツバメよりは短い。最近では暖冬の影響で、渡らない留鳥も観察できる。

身近にいる鳥

見分け方

巣が特徴的

ツバメとイワツバメの巣の違いは形と入り口部分。イワツバメの巣は天井ギリギリまで作られており、出入り口が狭いのが特徴。かつての木造建築から町並みが変化するに従って、市街地付近の橋桁やコンクリート製の建物の軒下などに集団で営巣する例が増えている。

外敵を寄せ付けにくい形状

DATA

- ▶ 大きさ　全長15cm
- ▶ 生活型　夏鳥
- ▶ 生息地　水辺、市街地
- ▶ 時期　　4月〜9月
- ▶ 鳴き声　さえずりは地鳴きを組み合わせたように鳴き、一節10秒以上続くこともある。

スズメ目ヒヨドリ科
ヒヨドリ
鵯 | Brown-eared Bulbul

頭部に冠羽状の羽がある

耳羽が茶色くなっている

\鳴き声/
ピーヨ

身近にいる鳥

花の蜜や木の実など甘味好き

留鳥または漂鳥で、日本全国、平地から低山の林、市街地、農耕地などで、比較的観察しやすい野鳥。繁殖期以外は群れで行動し、秋の渡りの時期に大群が見られる。木の実、花蜜、花芽、花弁、がく片、野菜の葉などの植物質のほか、爬虫類、小型の両生類なども捕食する。頭部から背にかけて灰褐色。様々な鳴き声を使い分け、数羽で鳴き交わすことも。オスメス同色で、幼鳥も成鳥とあまり変わらない。初夏と秋には、本州と北海道を行き来する大群が見られる。渡りに関しては、源義経が平家の軍勢を追い落とした合戦が「ひよどり越え」と伝えられており、その場所が渡りの場所であることが古くから知られていた。現在は各地で通年、観察できる場所がある。

DATA
- 大きさ　　全長28cm
- 生活型　　留鳥または漂鳥
- 生息地　　市街地、樹木のある公園など
- 時期　　　1月〜12月
- 鳴き声　　「ピイーピョロロ」
  - 聞きなし「いーよ、いーよ」

解説

島嶼部に亜種が分布する

亜種ヒヨドリ以外に、小笠原群島に「亜種オガサワラヒヨドリ」が、硫黄列島に「亜種ハシブトヒヨドリ」が、大東諸島に「亜種ダイトウヒヨドリ」が、トカラ列島と奄美諸島に「亜種アマミヒヨドリ」が、沖縄諸島と宮古諸島に「亜種リュウキュウヒヨドリ」が、八重山諸島に「亜種イシガキヒヨドリ」が、与那国島に「亜種タイワンヒヨドリ」が分布している。

採食

食欲おう盛なヒヨドリでも食べ過ぎは禁物？

ヒヨドリは花の蜜が好き。サクラやウメなどの蜜をなめるため、花に頭を突っ込んで顔中を花粉まみれにしている姿を観察することができる。ほかにも、他種が食べないような木の実を食べて種子を運び、植物の繁栄に貢献している。花や木の実のほか、花のつぼみや新芽も好んで食べるヒヨドリだが、ヒヨドリの群れに野菜や果物を食い荒らされてしまったという農家の被害報告などもあり、害鳥として敵視されている場合もある。

観察

海外バードウオッチャーには珍しい鳥

日本のほかにも、サハリン、朝鮮半島南部、台湾、中国南部、フィリピンの北部などアジア地域に生息している。日本国内では市街地などでもごく普通に見られるが、ほかの地域での生息数は少ないので、海外のバードウォッチャーはヒヨドリを目当てのひとつとして来日するという場合もある。日本では古来より身近な野鳥として親しまれ、平安貴族が飼育した記録が残っていたり、現在も富山県砺波(となみ)市の市の鳥に指定されたりしている。

身近にいる鳥

スズメ目ウグイス科

ウグイス

鶯 Japanese Bush Warbler

顔の眉斑と耳羽、体下面が汚白色

上面全体が灰色がかった黄緑色

鳴き声
ホーホケキョ

身近にいる鳥

下草にササ類がある林を好んで生息

ホーホケキョで有名なウグイスはオスメス同色で、体全体は灰褐色で、頭からの上面は黄緑色をしている。平地から山地の林、ササ類や灌木の多い高原、藪や植栽の多い公園や庭園、川原などで生息している。繁殖期はなわばりをもつが、それ以外の時期は小群で行動する。一夫多妻で子育てすることもある。下草にササ類のある林を好んで生息している。鳴き声はホーホケキョが有名だが、突然「ケキョ ケキョ」とけたたましく鳴くことがある。こうした鋭い声は谷渡りと言って、警戒している時に出す鳴き声とされている。顔は眉斑と耳羽が汚白色で、脇腹は淡褐色。オスはメスよりも体全体が大きく、くちばしと足が長い。

DATA

▶ 大きさ	全長14cm〜16cm
▶ 生活型	留鳥。一部の地方では漂鳥
▶ 生息地	平地から山地の林など
▶ 時期	1月〜12月
▶ 鳴き声	ウグイスの地鳴きは笹鳴きという。 ▶ 聞きなし「法、法華経」

解説

美しい鳴き声で人々を魅了

早春に鳴き始めるため、ウグイスは春告鳥(はるつげどり)と呼ばれ、日本三鳴鳥(さんめいちょう)のひとつとして、古くから親しまれてきた(ほかはコマドリ、オオルリ)。ハワイに移入した日本人が持ち込んだウグイスは「ホーホケキョ」と鳴かないなど、鳴き声に関する話題が多い。「梅に鶯」は取りあわせのよい二つのものにいうことわざだが、ウグイスは実際のところ梅の咲く時期には鳴かない。

スズメ目メジロ科

メジロ

目白 | Japanese White-eye

頭部から上面が黄緑色をしている

\ 鳴き声 /
チィー

腹は白く、下尾筒には黄色味がある。中央部分に黄色い線が入っていたらオス

目立つ目の周りの小さな白い羽

平地の樹木の多い公園や庭園、住宅地や山地の林、竹林などで多く観察できる。一年中つがいで暮らすものと、季節移動して小群で暮らすものがいる。採食は主に樹上で昆虫類、クモ類、木の実のほか、花の蜜を好む。オスメス同色で成鳥は頭部から上面が黄緑色。喉は黄色で胸から腹が白い。成鳥オスは腹中央部分と下尾筒が黄色い。幼鳥はそれが淡色。目の周りが白く、名前も単純で初心者でも見分けやすい。鳴き声は繁殖期のオスが「チイ チョ チュイ」と早口でさえずる。オスはメスに比べると腹中央と下尾筒が黄色い。幼鳥は「目白押し」の語源でもあるように一列に並んで止まることがある。

身近にいる鳥

解説

好物は花の蜜 長い舌で栄養をとる

花の蜜が好物で、冬はツバキ、早春はウメ、春になるとサクラなどの花にくちばしを刺し、蜜をなめとる。かなり舌が長いので、効率的に蜜をなめることができる。食べ物をめぐって「キリキリキリ…」と鳴きながらほかの個体とけんかすることもある。

DATA

- ▶ 大きさ　　全長12cm
- ▶ 生活型　　留鳥または漂鳥
- ▶ 生息地　　市街地、山地の林、住宅地、竹林
- ▶ 時期　　　1月〜12月
- ▶ 鳴き声　　地鳴きは「チィー」
- ▶ 聞きなし　「長兵衛、忠兵衛、長忠兵衛」

スズメ目ムクドリ科

ムクドリ

椋鳥　｜　White-cheeked Starling

- 目から頬にかけて白斑が入っている
- 頭部から頸の黒味が濃いのがオス、薄いとメス
- 鳴き声 ギュル
- オスメスともにくちばし基部に青みがある

身近にいる鳥

大群で生活する習性が都市部の厄介者に

一年を通じて群れで生活し、特に夕方、群れが集まって集団となり、多いと数万羽の大群を形成してねぐらにはいる習性があるため、ねぐらとなった街路樹下の糞公害や騒音が話題になっている。額と顔には白い部分がある。この頭部の白い部分は個体変異が多い。頭から胸にかけての黒褐色の部分はメスだと淡色となる。メスが全体的に地味だが、オスは繁殖期になると、よりコントラストのはっきりした色合いとなる。飛翔時のシルエットが三角形に見えることも。また、飛翔時に観察すると、尾羽の先と腰が白く目立つ。幼鳥は頭部に黒味がなく、全体的に淡色となる。多くは地面での採食で、草木の種子や昆虫類などを食べる雑食性。

DATA

- ▶ 大きさ　　全長24cm
- ▶ 生活型　　留鳥または漂鳥
- ▶ 生息地　　市街地、平地、低山帯、住宅街や公園
- ▶ 時期　　　1月〜12月
- ▶ 鳴き声　　大群でねぐらにいる時は「ギャーギャー」と騒音になるほど大きな声に。

解説

名前の由来は諸説あり

椋木（むくのき）は高さ20m程になる落葉樹で、木の幹は床材や器材に使われる。この椋木の実を好むので椋鳥（ムクドリ）と名付けられたという説がある。また、樹上に群れで巣を作ることから「群木鳥（ムレキドリ）」と呼ばれ、そこから転じてムクドリと呼ばれるようになったと言う説などもある。農作物につく虫を捕るというので「豊年鳥」などと呼ばれていた時代もある。

観察

顔の色の違いを見比べて観察

目から頬にかけて入る白斑とくちばしの色は個体変異が大きく、年齢を重ねるごとに白色が増えるなど、変化していく。平地、低山帯、住宅街や公園、市街地にいるありふれた野鳥なので、決まった場所でムクドリの個体識別に挑戦するのもいいだろう。スズメよりひと回り以上大きく、動きも素早くないのでバードウォッチング初心者の観察対象に向いている。また、ほかの種類の鳥との大きさの比較で、ムクドリは目安として用いられる「ものさし鳥」としてよく知られている。

身近にいる鳥

生活

繁殖数が多い鳥

ムクドリは、樹洞や建物のすき間に巣を作り、メスは1度の産卵で青い卵を4〜7個産む。つがいで12日間ほど抱卵し、その後約23日でヒナが巣立つ。ヒナの巣立ちが早いため、繁殖数が多い鳥だと言われている。郊外の田園地帯や芝生のある公園など、人家に近い場所を好むので、繁殖期には雨戸の戸袋に巣を作ることが多く報告されていた。戸袋に限らず、その営巣した場所をふさいで近くに巣箱をかけておくと、翌年に巣箱を利用することもあるようだ。

スズメ目ヒタキ科

ジョウビタキ

常鶲 | Daurian Redstart

オス

頭からの後頭は灰白色で、眉斑状に白っぽい

鳴き声
ヒッヒッ

頭からの上面は灰褐色

メス

オスの胸から下尾筒までは橙色

オスの羽は白く、くっきりしている

メスの胸が汚白色で脇腹と下腹部は淡い橙色

身近にいる鳥

紋付着物を着ているような白い部分がある

チベット、中国東北・沿海、バイカル湖周辺で繁殖して冬鳥として日本に渡ってくる。市街地から低山や植栽地の多い公園、農耕地、川原、草地、疎林などで観察できる。オスメスの羽色ははっきり違うため、見分けるのは比較的簡単。また、別名「紋付鳥」と呼ばれるように、次列風切の基部が白く、着物の紋付のように見えるのがこの鳥の最大の特徴。メスも同じ場所に白い紋が入っているが、脇腹と下腹部、上下尾筒、外側尾羽は淡い橙色でオスとは異なる。飛来直後、「ヒッヒッ」という独特の鳴き声を聞くことができる。また、頭を下げてお辞儀をするような動作も行う。

DATA

- ▶ 大きさ　　全長14cm
- ▶ 生活型　　冬鳥
- ▶ 生息地　　市街地から低山の花壇、公園など
- ▶ 時期　　　9月〜4月
- ▶ 鳴き声　　「ヒッ ヒッ」という声の合間に「カッ カッ」という声が入る。

見分け方

紋が白く、くっきりしているのはオス

オスとメスのどちらにもある次列風切基部の白斑は、オスの方が大きくて、はっきりしている傾向があるが、大きさと形には個体変異がある。メスは体全体の色合いが薄く、頭部の白っぽさも喉や背の黒みもない。「カッカッ」という鳴き声が火打ち石をたたく音に似ていたので火を焚く「ヒタキ」という名が付けられたといわれる。

スズメ目スズメ科
ニュウナイスズメ
入内雀 | Russet Sparrow

- 頬にスズメのような黒点が無い
- 茶色く鮮やかな色
- メスは白い眉斑がある
- 尾羽を広げると凹形をしている

鳴き声 チュン

スズメによく似ているけれど違う種

スズメ（P.36）によく似ているが、スズメとは別種。スズメには頬に黒点があるが、ニュウナイスズメには黒点がないのが大きな違い。夏鳥または漂鳥で、繁殖期以外は群れをつくって生活している。採食は昆虫類など。平地から山地の林、農耕地、草原などで観察できる。繁殖期は樹上で生活するが、繁殖期以外では明るくひらけた平地でも観察できるようになる。成鳥夏羽のオスは頭の上部が茶色で、メスはそれが灰褐色となり、汚白色の眉斑がある。冬はオスのみ全体に鮮やかさがなくなる。オスメスともに尾羽は凹尾で、ひろげると中心部分がへこんで見える。地鳴きはスズメによく似た「チュンチュン」という声で、繁殖期のオスは早口で複雑にさえずる。

身近にいる鳥

見分け方

ほっぺたの模様の有無に注目

冬期はスズメの群中にいることもあり、スズメに似ているが、頬の黒点がないので、見分けられる。特にスズメに比べると背中部分はより茶色く鮮やかにみえることもある。また、メスは太い黄色っぽく汚れたような白の眉斑がある。

DATA	
▶ 大きさ	全長14cm
▶ 生活型	夏鳥または漂鳥
▶ 生息地	平地から山地の林、農耕地、草原など
▶ 時期	4月〜11月
▶ 鳴き声	地鳴きはスズメに似ているが、繁殖期のオスは早口で複雑に鳴く。

スズメ目スズメ科

スズメ

雀 | Eurasian Tree Sparrow

成鳥

鳴き声
チュン

頬の黒斑は個体によって異なる

幼鳥

口角部分が黄色っぽいのが幼鳥

身近にいる鳥

日本人には最も身近で親しみやすい鳥

市街地から山地の人家がある場所、農耕地、川原などに生息する。人間が暮らす生活圏内に分布することが多く、廃村などで人が住まない地域では数を減らしてしまう。繁殖期以外は群れで生活し、一定のねぐらをつくる。ねぐらに集まるのは幼鳥が多い。成鳥と幼鳥の見分け方は幼鳥のくちばしの基部が黄色いことや成鳥よりも全体に淡色であることなど。成鳥と幼鳥のどちらも頬に黒斑があるが、この黒斑の出方は個体変異がある。地鳴きは少し濁った声で「チュン チュン」。繁殖期になると「チョリ チョ チュン チョリ チョ チュン」という独特の声で鳴く。

DATA

- 大きさ　　全長14cm
- 生活型　　留鳥または漂鳥
- 生息地　　市街地、農耕地、川原など
- 時期　　　1月〜12月
- 鳴き声　　主に「チュン」と鳴くほか、「チュリチュ チュチュン チュリ」と鳴く。

生活

集団で水浴びや砂浴びをする

水浴びと砂浴びを好むので、地上でもよく観察できる。公園や空き地の砂地などのくぼみで、砂を浴びていることが多い。砂地では、スズメが砂浴びした痕跡を見つけることができる。水浴びには羽毛の汚れをおとし、砂浴びには、羽についた寄生虫を落とす役割があるといわれている。

スズメ目アトリ科

カワラヒワ

| 河原鶸 | Oriental Greenfinch

オス 頭頂から後頸は淡灰黒色で、少し緑っぽい

鳴き声 チュウーン

尾羽を広げると凹型

メス メスも下尾筒に黄色味がある

川原にいたからカワラヒワ

留鳥または冬鳥、平地から山地の農耕地、川原、樹木が比較的多い公園や住宅地、草原、疎林などで観察できる。繁殖期以外は群れで行動する。鳴き声が特徴的で、鳴きながらディスプレイなども行う。「川原に住んでいるアワやヒエを食べる鳥のヒワ」が和名の由来。初列風切と次列風切の基部側半分と下尾筒は黄色となっていて、飛ぶとこれが鮮やかに見える。オスとメスは見分けにくいが、メスは全身が淡色で、頭部の黄緑色部分が少ない。繁殖後に集団で見通しのいい開けた平らな土地や、川原でよく見ることができる。

身近にいる鳥

見分け方

独特の形の尾羽

飛ぶと目立つ翼下面と下尾筒の黄色がカワラヒワの特徴。太くて肌色のくちばしがあり、太陽光で黒っぽく見え、尾羽が凹型の鳥がいたらカワラヒワかも。住宅街の電線など、止まる所が決まっており、いったん止まると静かにじっとしている場合が多いので観察しやすい。

DATA

- ▶ **大きさ** 全長15cm
- ▶ **生活型** 留鳥または冬鳥
- ▶ **生息地** 平地から山地の農耕地、川原、樹木の多い公園など
- ▶ **時期** 1月〜12月
- ▶ **鳴き声** 普段は「チュウーン」、「キリキリキリ」と鳴く。

スズメ目セキレイ科

ハクセキレイ

白鶺鴒 | White Wagtail

白い顔に黒い過眼線がある

鳴き声 チュチュン

長い尾羽のシルエットが印象的

身近にいる鳥

歩きながら尾羽を上下に動かす

漂鳥または留鳥。川岸、河川、農耕地など。空港や広い駐車場でもよく見かける。常に尾羽を上下に振りながら歩くのが特徴的。「チチチュンチチチュン」と澄んだ高い声で鳴きながら、波状に飛んでいる姿が都心部でも観察できる身近な野鳥。飛んでいる昆虫を空中採食する姿を観察できる。頭頂から上面が黒く、雨覆が黒い。顔と顎側は白く、黒い過眼線がある。英名はwagtailで、wagは振り動かす、tailは尾羽。尾羽を上下に振り動かしながら歩く鳥という意味で、人のかなり近くまで寄ってくる。もとは北海道や東北を中心に繁殖していたが、次第に南下し、現在では西日本でも観察できる。

DATA

- ▶ 大きさ　　全長21cm
- ▶ 生活型　　漂鳥または留鳥
- ▶ 生息地　　水辺、市街地
- ▶ 時期　　　1月～12月
- ▶ 鳴き声　　地鳴きは澄んだ声だが、さえずりはゆっくりとしたテンポで「チュイチュイ…」。

解説

ハクセキレイの亜種について

ハクセキレイには、カムチャツカ、樺太、千島列島沿海州などで繁殖する「亜種ハクセキレイ」以外に6亜種がいて、主に日本海側の小島や南西諸島で多く記録される。中国南部から東部、朝鮮半島、台湾などで繁殖する「亜種ホオジロハクセキレイ」、中国北部などで繁殖する「亜種シベリアハクセキレイ」などは、南西諸島などでもよく観察される。

見分け方

親とは違う色をしている

ハクセキレイの成鳥は黒・白・灰色のモノトーンカラーがトレードマークだが、ハクセキレイの幼鳥は黒色は見られず、全体的に灰色をしている。また、耳羽は白っぽい色になっている。よく似たセグロセキレイの幼鳥は眉斑がなく、耳羽も白くないので見分けることができる。

耳羽が白い

ハクセキレイ幼鳥

幼鳥は全体的に灰色をしている

身近にいる鳥

セキレイ類3種の住み分け

日本で繁殖するセキレイ類3種は、1本の川でも、キセキレイ（P.134）は上流域、セグロセキレイ（P.205）は中流域、ハクセキレイは中流域から下流域を好み、ほぼ住み分けられている。キセキレイは胸から体下面は黄色。セグロセキレイは頭からの上面が黒く、額から眉斑は白い。ハクセキレイの顔は白く、頭頂からの上面は黒、または灰色で、過眼線は黒い。この3種とも、飛行軌跡が波を描く波状飛行で飛ぶ。

セグロセキレイ

オスの上面は黒く、メスでは灰色味がある

キジ目キジ科

キジ

雄 | Common Pheasant

- オス
- 顔は赤い皮膚が裸出。頭は紫色の金属光沢がある
- 鳴き声 「ケッケッケーン」
- 全体が黄褐色に黒褐色の斑点模様
- メス
- 中央尾羽の2〜4枚は紫灰色で黒い横斑が多数ある

里山にいる鳥

オスは鮮やかな色でメスは黄褐色

日本、ユーラシア大陸と北アメリカ大陸の一部に生息している留鳥。平地や山地の林、草地、農耕地などに暮らす。日本の国鳥として知られている。オスは紫色や緑色の金属光沢や赤褐色などの鮮やかな羽色だが、メスは全体が黄褐色で黒褐色の斑に覆われている。繁殖期にはつがい、もしくは一夫多妻になるが、非繁殖期はオスとメスが別の群れに分かれて生活する。主食は種子や芽などだが、昆虫類も食べる。かつては生息地によって4亜種に分類されていたが、各地で狩猟用の放鳥などが長い間行われ、生息地が乱れてしまった。現在は交雑によりそれぞれの亜種の特徴が失われている。

DATA

▶ 大きさ	全長81cm〜(オス) 58cm(メス)
▶ 生活型	留鳥
▶ 生息地	林、草地、農耕地
▶ 時期	1月〜12月
▶ 鳴き声	通常は「ケッケッケーン」と鳴くが、オスは繁殖期になると「ケェーッケェー」と鳴く。

特徴

尾羽を斜めに上げて警戒態勢に

危険を察知して警戒するときは長い尾羽を斜めに上げ、逃げるときもそのままの状態で素早く走り去る。採食中は下げている。オスは繁殖期になると激しい縄張り争いをする。「ケェーッケェーッ」と鳴きながら翼をはばたかせ、「ブルルルル」と音を出して縄張りをアピールする。

ハト目ハト科
キジバト
雉鳩 | Oriental Turtle Dove

額から目の上部は灰色がかっている

鳴き声
デデポー

頭から頸、背、胸は灰褐色。頸側には青灰色と紺色の横斑がある

里山にいる鳥

頸側には青灰色と紺色の縞模様

留鳥、または漂鳥で、日本や中国、インド周辺に生息。市街地や山地の開けた場所に住んでいる。オスとメスは同色。年間を通してつがいで暮らすことが多い。繁殖していない個体は、特に冬の時期に群れになる。植物の種子、樹木の実や芽を採食するが、動物質のものを食べることはほとんどない。虹彩は橙色でくちばしは灰黒色。目の周りには裸出した赤い部分があり、繁殖期には大きくなる。日本には九州以北で繁殖する亜種キジバトと、屋久島から南西諸島にかけて繁殖する亜種リュウキュウキジバトがいる。亜種キジバトと亜種リュウキュウキジバトの違いは、羽衣が亜種リュウキュウキジバトの方が濃いことで識別できるが、見分けるのは難しい。

観察

高く舞い上がる求愛飛行が特徴

繁殖する時期は主に春から夏頃だが、それ以外の季節でも繁殖は可能。繁殖期には通常よりもやや高く舞い上がり、滑翔する求愛飛行が見られる。また、オスは「デデーポオポオ」と1節につき約5回繰り返して鳴いたり、おじぎをするような動作をしたりして求愛する。メスは1度に2個の卵を産み、つがいで交代しながら抱卵する。

DATA

- ▶ 大きさ　全長33cm
- ▶ 生活型　留鳥または漂鳥
- ▶ 生息地　市街地、山地
- ▶ 時期　1月〜12月
- ▶ 鳴き声　通常は「デデポー」と鳴くがときどき「ブン」と小さな鳴き声を出す。繁殖期には連続した特徴的な鳴き声を聞くことができる。

ツル目ツル科

ナベヅル
鍋鶴 | Hooded Crane

- 額から目先は黒色、目の上から前頭部は鮮やかな赤色
- 頭は白色と灰黒色。体は全体が黒っぽくわずかに灰色味
- 成鳥
- 幼鳥
- 頭から頸にかけて淡褐色
- 鳴き声 ククルー
- ツル類は頸をのばして飛翔する
- 成鳥

里山にいる鳥

つがいや家族群で越冬する

鹿児島県出水市周辺と山口県周南市を定期的な越冬地とする冬鳥。その他の地域でも年によっては少数が渡来することもある。各地で保護活動が行われ、出水市周辺では餌付けも行われている。水田、畑、河口、河川などに住み、稲刈り後に水を張った冬期湛水田(たんすいでん)や、川の浅瀬をねぐらにする。オスメス同色で、幼鳥は頭から頸にかけて淡褐色をしているが、徐々に頭部から頸の淡褐色が薄くなり、渡去する3月頃には成鳥とほぼ同じ羽色になる。

雑食性で、ドジョウやタニシ、穀類などを食べる。日の出とともにねぐらを飛び立ち、水田や畑などの採食場へ移動する。つがいや家族群で縄張りを持ち、日中はそこで過ごす。

DATA
- ▶ 大きさ　　全長100cm
- ▶ 生活型　　冬鳥
- ▶ 生息地　　水田、畑、河口、河川
- ▶ 時期　　　11月～3月
- ▶ 鳴き声　　大きな声で「ククルー」などと鳴く。繁殖期のディスプレイのときは、オスもメスも同じ鳴き声を10回ほど繰り返してデュエットする。

解説

ナベヅルとクロヅルの交雑個体がいる

1970年頃に鹿児島県出水市周辺でメスのナベヅルとオスのクロヅルのつがいが発見され、交雑の幼鳥はナベクロヅルと命名された。その後、ナベクロヅルのオスとナベヅルのメスのつがいも観察されるようになった。個体数は増えていないが、現在も、ナベヅル、クロヅル、ナベクロヅルの交雑個体が渡来している。

アマツバメ目アマツバメ科

ハリオアマツバメ

針尾雨燕 | White-throated Needletailed Swift

背の中央部分と三列風切の一部は灰白色

\鳴き声/
チューリリリ…

額、喉から前頸、下尾筒は白い

尾羽は黒色

里山にいる鳥

名前のとおり
尾羽に針のような羽軸がある

北海道から本州にかけて渡来する夏鳥。平地から山地にかけての林、草原、川原などの環境を好む。オスとメスは同色。全長に対して翼開長は約50cmと長い。尾羽の羽軸が硬く針のようにとがっていることから、「針尾雨燕」と命名された。足と指は短く、指には鋭い爪がある。この特徴的な足指と尾羽を使って、垂直に生えた樹木の幹に止まったりよじ登ったりするときに体を支える。主な食べ物は空中の昆虫類。つがい、もしくは群れで行動する。繁殖期には大木の割れ目や樹洞内に営巣する。抱卵時などで巣にいるときや、病気やけがを抱えて弱っているとき以外は飛び続ける習性がある。

採食

高速で飛行しながら昆虫類を食べる

羽ばたきと滑翔を繰り返し、高速で飛行する。鳥類の中で最速ともいわれるスピードで飛びながら、空中にいるさまざまな昆虫類を捕食する。長い翼で大きい風切り音を立てるため、近くを通過したときには「シューゥ」と聞こえる。

DATA

- ▶ 大きさ　　全長21cm
- ▶ 生活型　　夏鳥
- ▶ 生息地　　林、草原、川原
- ▶ 時期　　　5月～10月
- ▶ 鳴き声　　群れで飛翔中に鳴くことが多い。「チューリリリ…」という尻つぼみの声は、アマツバメに似ている。

チドリ目チドリ科

ケリ

| 鳧 | Grey-headed Lapwing

鳴き声
キリッ
キリッ

頭部から胸にかけて青灰色をしている

体上面は灰褐色で腹部が白い。胸部の帯は黒色

里山にいる鳥

赤橙色の虹彩と黄色のアイリングが華やか

日本では本州に住む留鳥。中国地方以南ではまれな冬鳥、北海道ではまれな旅鳥になる。水田、畑、川原、草地などの環境を好む。近畿地方以北の本州に繁殖地があり、特に東海地方から兵庫県にかけてよく見られる。水を引くまでの水田、耕すまでの畑などに営巣する。オスとメスは同色。赤橙色の虹彩と黄色のアイリングを持ち、鮮やかな印象の目をしている。黄色く長い足も特徴。主に昆虫類を捕食する。繁殖期にはつがいになるが、終えた後は小さな群れになって生活することが多い。そのまま集団で越冬するが、つがいで越冬する個体もいる。冬になると胸の黒い帯が淡色になるが、個体変異によって黒色が残る場合もある。

DATA

- 大きさ　　全長36cm
- 生活型　　ほぼ留鳥
- 生息地　　水田、畑、川原、草地
- 時期　　　1月〜12月
- 鳴き声　　通常は「キリッキリッ」と力強い鳴き声を出す。このさえずりが名前の由来になった。

解説

けがをしたフリで子どもを守る

抱卵しているときや世話をするヒナがいるときに、犬や猫などの外敵が近づくと、親鳥は飛べないフリをして弱々しく歩いたり、傷を負ったようなしぐさをしたりして相手の注意を引きつけ、卵やヒナから遠ざける。これは、身を呈して卵やヒナから外敵を遠ざける擬傷という行動で、ケリを始めコチドリ (P.183) など地上に営巣する鳥が行うことがある。

タカ目タカ科

ハチクマ

八角鷹 | Honey Buzzard

- オスの頭部は全体の色や模様にかかわらず淡青灰色の部分が多い
- 白色から褐色までさまざま。眉斑状に淡青色の個体もいる
- オスメスに関係なく上面は褐色や黒褐色。体下面は白色、黒色、斑など

\ 鳴き声 /
ピーエー

メス / オス

里山にいる鳥

クロスズメバチを捕食するタカ科の鳥

全国の平地から低山あたりの林で見られる夏鳥。ほかの夏鳥に比べて渡来する時期は遅い。オスメスはほぼ同色。頭部はオスが淡青灰色で、メスが白色から褐色までさまざまだが、眉斑状に淡青灰色の個体もいるので見分けるのが難しいこともある。また、体下面は個体変異が多い。営巣地付近の上空では、求愛飛行を行う様子が観察できる。巣はかなり大きく、直径が2m近くになることも。毎年同じ巣を使うことが大半。食べ物とするのはカエルなどの両生類、ヘビなどの爬虫類、昆虫類。7月中旬頃からクロスズメバチなどのハチ類を多く食べるようになる。ヒナの巣立ちは8月上旬頃。渡去は9月中旬に始まり、10月中旬に終わる。

見分け方

成鳥オスは風切の後縁で見分けられる

ハチクマは羽色や模様に個体変異がきわめて多いが、外見で性別や年齢を見分けることはできる。成鳥オスは、顔が青灰色なこと以外に、翼の後縁に太い黒帯があり、尾羽にも2本の太い黒帯があるのが特徴。メスは翼の後縁の帯は細く、尾羽の黒帯も3本ほど見られる。幼鳥は尾羽の黒帯は細くて、多数あるので識別ができる。

DATA	
▶ 大きさ	全長57cm(オス) 61cm(メス)
▶ 生活型	夏鳥
▶ 生息地	林
▶ 時期	5月〜10月
▶ 鳴き声	「ピーエー」という尻下がりの鳴き声。ただし鳴くことは少なく、繁殖期や警戒時にも声をほぼ出さない。

タカ目タカ科

オオタカ

蒼鷹 | Northern Goshawk

鳴き声
ケッ…

頭部から体上面は暗青灰色で、目先から眉斑は白色

喉から体下面は白く、灰褐色の横斑と軸斑がある

里山にいる鳥

日本に生息するタカ科の代表格

日本、ユーラシア大陸、北アメリカ大陸に広く生息している。国内のタカ科の代表格。九州以北では留鳥だが、南西諸島ではまれに冬鳥。平地や山地の林、河川、農耕地、湖沼などの環境を好む。毎年同じ巣を使うこともあれば、複数の巣を交代で使うこともある。オスとメスはほぼ同色だが、メスのほうが体上面の褐色が強く、胴が太く体格も大きい。繁殖期以外は単独で行動する。一定の区域にとどまる個体と、獲物となる鳥類の多い場所へ移動する個体がある。オオタカは成鳥から幼鳥までと、オスとメスで羽色が違い、体下面は白色から淡褐色まで、上面は茶褐色から黒褐色まで見られる。

DATA

- 大きさ　　全長50cm(オス) 56cm(メス)
- 生活型　　九州以北では留鳥
- 生息地　　林、河川、農耕地、湖沼
- 時期　　　1月〜12月
- 鳴き声　　非繁殖期はほぼ鳴かないが、警戒した時に「ケッ…」と大きい声を出す。メスと幼鳥は「ピョウ」と鳴くことも。

解説

鷹狩りに重用された猛禽類

ハトなどの鳥類のほか、ネズミやウサギなども狩る猛禽類。すぐれた飛翔能力と狙った獲物を追い続ける習性を持つ。日本では古来、鷹狩りに重用されてきた。現在は国内のオオタカの捕獲が禁止されているため、海外から輸入した個体が用いられる。

タカ目タカ科

サシバ

鵟鳩、差羽 | Grey-faced Buzzard-eagle

オス

頭部は青灰色がかった褐色。オスの眉斑ははっきりしない

鳴き声 ピックイー

オスより淡色で、太い白色の眉斑がある

顔の青灰色はないか、少ない

メス

上面と胸は茶褐色。腹は白く茶褐色の横斑がある

里山にいる鳥

採食場の湿地から近い山地に営巣する

九州地方以北から本州までは夏鳥、南西諸島では冬鳥。オスメスはほぼ同色だが、メスは太い白色の眉斑がある個体が多い。また、オスよりも淡色で顔の青灰色味がない、もしくは少ない。性別は不明だが、愛知県の伊良湖岬では渡りの時期に全体的に暗茶褐色の個体が10羽ほど見られるという。主食となる爬虫類や両生類が生息する湿地、谷地田、水田を採食場とし、そこから近い山地の樹上に営巣する。昆虫類、ネズミ類、巣立ちしたばかりのヒナなどを捕える。鳴き声は特徴的な「ピックイー」で、繁殖期には3回程続けて繰り返し、警戒時は一定の間隔を開ける。越冬地の南西諸島ではよく鳴き声を聞く。

観察

数百羽が群れをなして渡る

春に東南アジアから日本へ渡って来る。9月下旬から10月中旬頃に南下を始め、東南アジアへ渡って行くサイクル。多い場合は数百羽の大群が飛んでいる姿を見られる。鹿児島県の奄美大島以南の南西諸島では越冬個体が多く観察できる。

DATA

- ▶ 大きさ 全長49cm
- ▶ 生活型 夏鳥(九州以北〜本州)または冬鳥(南西諸島)
- ▶ 生息地 林、水田、草地
- ▶ 時期 4月〜10月(夏鳥)
- ▶ 鳴き声 繁殖期にはオスもメスもディスプレイの飛翔を行いながら、「ピックイー」と鳴く。「ピ」と「イ」にアクセントのある独特な声。

タカ目タカ科
ノスリ
鵟　Common Buzzard

頭から頸までは淡色で、褐色の縦斑がある

上面は黒く、肩羽や雨覆の羽縁は淡い

鳴き声
ピーエー

里山にいる鳥

ディスプレイ飛翔中にゆったりと鳴く

主に中部地方以北で繁殖する留鳥。四国地方、九州地方南部以南では冬鳥。平地から山地にかけての林や草原、農耕地、牧場、川原などの環境を好む。オスとメスはほぼ同色。どちらもくちばしが黒く、蝋膜が淡黄色である。オスは上面の黒い個体が多いが、北方の個体は淡いこともある。ネズミ類を主食とするほか、両生類、爬虫類、鳥類、昆虫類なども採食する。繁殖期にはオスもメスもディスプレイ飛翔を行い、ゆったりした声で鳴く。営巣場所は主に林の中。農耕地などの開けた場所を採食地とし、通常はネズミ類の活動時間に合わせて狩りを行う。東京都の小笠原諸島には、やや小型で白っぽい亜種のオガサワラノスリが生息している。

DATA
- 大きさ　　全長55cm
- 生活型　　留鳥、冬鳥
- 生息地　　林や草原、農耕地、牧場、川原
- 時期　　　1月〜12月
- 鳴き声　　ディスプレイ飛翔中に「ピーエー」と尻下がりの声を出す。警戒時には短くきつい響きで鳴く。

すみか
毎年同じ巣で繁殖する習性を持つ

繁殖期には、林内の太く強度がある樹木に営巣する。毎年同じ巣で繁殖する習性があるため、枝が分かれた基部などの安定しやすい場所を選ぶことが多い。まれに崖に営巣することもある。巣は大小さまざまな枯れ枝を組み合わせた皿状に作る。

フクロウ目フクロウ科

アオバズク
青葉木菟 | Brown Hawk-Owl

頭部が黒褐色で額や頬は白っぽく、虹彩は黄色く目立つ

体下面は白で黒褐色の太い縦斑があり、翼下面はタカ斑

鳴き声／ホッホゥ

里山にいる鳥

夜行性の獲物を捕らえる名ハンター

日本から東南アジア、インドにかけて見られる。夏鳥だが暖地では越冬することもある。平地や林、農耕地などに生息して営巣する。オスとメスはほぼ同色で、虹彩と足の指も共に黄色。オスのほうが体下面の黒褐色の縦斑が濃く太い傾向にある。繁殖期は、夕方に鳴くことが多い。羽音を立てず静かに飛び回って夜行性の昆虫を主に採食する。メスが抱卵し、オスは見張り役。ヒナが成長後の見張りはメスのみ、あるいはオスとメスで行う。フクロウ類は頸を自由自在に動かせることが特徴で、後ろへ180度回転させることも可能。南西諸島に生息する亜種リュウキュウアオバズクは亜種アオバズクと似ているが、全体的に羽色が濃い。

すみか

樹洞に加え建造物に営巣することもある

食べ物は主にガ類や甲虫類などの夜行性の昆虫だが、小鳥類やコウモリなどを捕食することもある。営巣場所は低山の山麓の林や社寺林が多い。通常は樹洞に巣を作るが、人家の穴や隙間などを利用することもあり、農家では身近に見られる。

DATA

- 大きさ　　全長29cm
- 生活型　　夏鳥
- 生息地　　平地、林、農耕地
- 時期　　　5月〜10月
- 鳴き声　　オスは繁殖期に「ホッホゥ、ホッホゥ」とゆっくり鳴く。メスが近ければテンポが速くなる。非繁殖期もときどき鳴く。

フクロウ目フクロウ科
コミミズク
小耳木菟 | Short-eared Owl

\ 鳴き声 /
ギャッ

顔盤は白っぽい。頭から上面は褐色、淡い橙色、白色の混じった模様

体下面は白色から淡い橙色まで個体変異がある

里山にいる鳥

羽色や羽角はさまざまな個体変異がある

平地から山地までの草原、農耕地、川原、埋め立て地など、さまざまな場所に住む。オスとメスはほぼ同色。ただし羽色は個体変異があり、特に顔は著しい違いが見られる。羽角の大きさや間隔も個体によってさまざま。外見から性別や年齢を判断するのは難しい。

日中は特定の草地を休息所（ねぐら）にし、1羽から十数羽でとどまっている。夕方から活動を開始する習性を持つが、地域や天候によって臨機応変である。例えば雪国や雨天の日などは日中でも飛ぶ姿を見られる。ネズミ類を主食とする。越冬中に鳴くことはほぼないが、飛翔中に争いが起こった場合、まれに「ギャッ」などの鋭い声を上げる。

DATA
- ▶ 大きさ　　全長38cm
- ▶ 生活型　　冬鳥
- ▶ 生息地　　草原、農耕地、川原、埋め立て地
- ▶ 時期　　　10月〜4月
- ▶ 鳴き声　　争いが起こったときに「ギャッ」と鳴く。繁殖期にはオスが「ウォッウォッウォッ」とディスプレイの鳴き声を上げる。

採食

獲物のネズミ類を畦や草むらに隠す

コミミズクをはじめとするフクロウ目の鳥は、夜間でも羽音を立てず静かに飛び回ることができる。停空飛行をしながら主食となるネズミ類を捕獲する。ネズミ類が多いところでは、獲物を畦のくぼみや草むらなどに隠すこともある。

キツツキ目キツツキ科

アカゲラ

赤啄木鳥 | Great Spotted Woodpecker

- オス
- オスは頭頂が黒く後頭が赤い
- メスは頭頂部全てが黒い
- メス
- 頬や腹は汚白色。顎線と耳羽後方から胸のあたりに黒線
- 鳴き声　キョッ

里山にいる鳥

後頭部の色でオスとメスを区別できる

日本やユーラシア大陸に幅広く分布する。留鳥だが、漂鳥や冬鳥もわずかにいる。平地から山地の林に住み、立ち木や枯れ木にくちばしで穴を掘って営巣する。オスとメスはほぼ同色で、オスのみ後頭が鮮やかな赤色。幼鳥はオスとメスどちらも頭部が暗赤色をしている。本来、顔や胸は汚白色だが、樹液で黄褐色に染まっていることもある。単独もしくはつがいで生活し、繁殖期にはアオゲラ（P.52）とよく似たドラミングを行い、異性にアピールする。大きい波状飛行で直線的に飛び、昆虫類のほか木の実も採食する。林でよく見られるが、低草地や未舗装の道路、農耕地などに降りて採食することもある。北海道に生息する亜種のエゾアカゲラは、顔や胸などが純白に近い白色をしている。

特徴

高速ドラミングは1秒間に約16回

キツツキ類は幹に止まるとき、足と硬い中央尾羽の2枚で体を支える。このしくみが1秒間に約16回も木をつついて音を出す繁殖期のドラミングを可能にしている。ただ、キツツキ科の中でもアリスイ（P.95）はドラミングをしないため、この硬い中央尾羽2枚を持っていない。

DATA

- ▶ 大きさ　全長24cm
- ▶ 生活型　留鳥
- ▶ 生息地　平地、山地
- ▶ 時期　1月〜12月
- ▶ 鳴き声　「キョッ」と大きく、一声ずつ区切って鳴く。警戒時は鋭く連続することが多い。

アオゲラ

キツツキ目キツツキ科

緑啄木鳥 | Japanese Green Woodpecker

オス: 顔と頸は灰色で、成鳥雄は前頭から後頭と頬線の一部が赤い

鳴き声 / ケケケ

背は灰緑色で上尾筒は黄色味があり、脇腹には黒褐色の斑点

メス: 頭部の赤色は小さい

里山にいる鳥

頭部の鮮やかな赤が美しい

屋久島から本州に生息する日本固有の留鳥。平地から林にかけて住み、特に広葉樹林や混交林を好む。とがったくちばしで樹木に穴を掘って巣を作る。巣は生木が多く枯れ木は少ない。オスとメスはほぼ同色だが、頭部の赤い部分はオスのほうが大きく目立つ。繁殖期以外は単独生活を送る個体が多い。くちばしで木の幹をつつき、樹皮や枯れ枝に隠れている昆虫類やクモ類を探して食べる。秋から冬にかけては木の実も採食する。アオゲラには3種の亜種があり、本州に住む亜種アオゲラ、鹿児島などに生息するカゴシマアオゲラ、種子島などに生息するタネアオゲラがいる。木をつつくドラミング、飛び立つ時や繁殖期の鳴き声は、アカゲラ（P.51）によく似ている。

DATA

- 大きさ　全長29cm
- 生活型　留鳥
- 生息地　広葉樹林、混合林
- 時期　　1月～12月
- 鳴き声　年間を通して「ピョーピョーピョー」と大きい声で鳴く。また、飛び立つ時に「ケケケ」と連続した鳴き声を上げる。

鳴き声

口笛のような鳴き声が求愛のサイン

基本的に単独生活を送り、繁殖期のみつがいになる。オスもメスも求愛行動は同じで、「ピョーピョーピョー」という口笛のような声で3回続けて鳴くことが特徴。「ドロロロ」と音を立ててくちばしで木をつつくドラミングも異性へのアピールに使う。これらの鳴き声やドラミングは同じキツツキ科のアカゲラによく似ている。

キツツキ目キツツキ科

ヤマゲラ

山啄木鳥　Grey-headed Woodpecker

オス
頭部が灰色で額には鮮やかな赤色。顎線は黒い

メス
頭部は全て灰色

鳴き声　ピョーピョピョピョ

背や肩羽は黄緑色。初列風切は黒褐色で白い横斑がある

里山にいる鳥

警戒心が強く、木の陰に隠れることもある

北海道の平地から山地にある林で見られる留鳥。通常は山地の林に住んでいるが、冬は平地の林に移る個体もいる。オスとメスはほぼ同色。くちばしが黒く、下くちばしが黄色い部分が多く、足が灰黒色をしていることも共通している。ただし、メスには頭部の赤色が ない。同科のアオゲラ（P.52）によく似ているが、本種は体下面が灰色で横斑がなく、背や雨覆などの緑色が強い。繁殖期には生木や枯れ木をくちばしでつついて穴を掘り、営巣する。食べ物となる昆虫類を探しながら、木から木へと移動する。警戒心が強く、外敵や人影を見ると木の陰に隠れ、静かに動きを止めて待つことが多い。

解説

ドラミングをする場所はほぼ決まっている

キツツキ類は、枯れ木などをくちばしで突いて「ドロロ…」という音を出すことが知られている。これは、縄張りを主張するドラミングという行動で、この音の大小は、キツツキ類の個体の大きさによって違いがある。また、ドラミングを行う場所は個体によってほぼ決まっていて、それぞれドラミングの場所を何カ所か持っている。

DATA

- 大きさ　全長30cm
- 生活型　留鳥
- 生息地　林
- 時期　1月〜12月
- 鳴き声　オスは「ピョーピョピョピョ」と繁殖期に口笛に似た尻下がりの声で鳴く。1節が長く、10音以上続く場合もある。

チョウゲンボウ

ハヤブサ目ハヤブサ科

| 長元坊 | Common Kestrel

オスは青灰色の頭部。淡色の頬に黒いひげ状斑がある

喉から体下面は淡黄褐色。翼下面は全体にタカ斑模様

体上面はオスより褐色

メス

胸や腹の縦斑が太い

鳴き声
キッ

里山にいる鳥

ヒラヒラと羽ばたくような飛行が特徴

全国で見られる留鳥、または漂鳥。平地から高山までの草地、農耕地、川原、埋め立て地などに生息する。オスのみ頭と尾羽が青灰色をしている。体や翼など全体の色はオスメスともほぼ同じ。比較するとメスは上面が褐色で、胸や腹の縦斑が太い傾向にある。幼鳥のオスは成鳥のメスに似た羽色。繁殖期には崖の岩棚や穴、大木の樹洞、ビルなどの建造物の穴などに営巣する。繁殖に適した場所では集団繁殖することもある。非繁殖期には通常、単独で生活する。急降下が得意なハヤブサ類の中では珍しくヒラヒラと羽ばたいて飛ぶことが特徴。停空飛行で食べ物となる昆虫類やネズミ類を探す一方、飛んでいる小鳥の群れを襲うこともある。

DATA

- ▶ 大きさ　　全長35cm
- ▶ 生活型　　留鳥または漂鳥
- ▶ 生息地　　草地、農耕地、川原、埋め立て地
- ▶ 時期　　　1月〜12月
- ▶ 鳴き声　　年間を通してオスもメスも「キッ」と鋭い声で鳴く。繁殖期のメスはオスのさえずりに甘えるような声で応える。

解説

メスに獲物を贈る求愛給餌を行う

求愛給餌とは、求愛のためにオスがメスに食べ物を与えることをいい、タカ目、ハト目、カッコウ目、チドリ目などで広く見られる。チョウゲンボウは、オスが捕らえたハタネズミなどの獲物をメスにプレゼントした後、交尾をする様子が観察されることもある。ほかにも、求愛給餌にはオスがメスに狩りの能力を見せたり、つがいの関係を維持したりする役割がある。

スズメ目モズ科
チゴモズ
稚児百舌、稚児鵙 | Tiger Shrike

過眼線は黒色で、前頭から後頸は青灰色

オス

＼鳴き声／
ギュ ギュ ギチ ギチギチ…

体下面は白い。雨覆や風切は茶褐色で羽縁が黒褐色

目の先が白い

メス

脇腹に黒褐色の横斑がある

里山にいる鳥

尾羽を振りながら縄張りを監視する

主に本州へ渡来する夏鳥。平地から山地にある疎林内の開けた場所、山間の平地の畑、芝地と林の多いゴルフ場などの環境を好む。一定の縄張りを持ち、樹木や電線に止まって見張りをする。そのときには尾羽をグルグルと回すように振ったり、バッバッと開いたりするしぐさが見られる。オスとメスはほぼ同色。メスは目の先が白色で、脇腹に黒褐色の横斑があるのが特徴。繁殖期にオスは枝先に止まってさえずり、アピールする。林の中に営巣した後は開けた場所に行くことは少ない。主に地上で昆虫類を採食する。モズ科に見られるはやにえも行う。近年、国内では繁殖数が激減している。

鳴き声

警戒時にはきつい声で鳴く

チゴモズの親鳥は、巣やヒナに外敵が近づいたときなどに「ギチギチギチ…」と鳴く。この警戒時の鳴き声はきつい印象を受ける響きだといわれている。同じモズ科のアカモズ（P.56）によく似ているが、チゴモズのほうが濁っていてテンポが早い鳴き声である。チゴモズは、繁殖期のさえずりも「ギュギュ」などと、濁った声をしている。

DATA

- ▶ 大きさ　全長18cm
- ▶ 生活型　夏鳥
- ▶ 生息地　疎林、山間の平地の畑
- ▶ 時期　　4月〜10月
- ▶ 鳴き声　繁殖期のさえずりは、「ギュギュ」や「ゲッゲッ」という濁った声で始まるのが特徴。

スズメ目モズ科

アカモズ

赤百舌 | Brown Shrike

頭頂が赤茶色で、額から眉斑は白い

鳴き声
ギィ

成鳥の胸から脇腹は淡い橙色をしている

里山にいる鳥

尾羽をぐるぐる回して獲物を捜索

夏鳥として日本や東アジアに渡来し、暖かい東南アジアなどで越冬する。平地から山地にかけて、灌木がある草原や農耕地でよく見られる。オスとメスはほぼ同色だが、額から眉斑の白い部分がメスは細い。若鳥のオスは脇腹、メスは胸から脇腹にかけて黒褐色の横斑がある。繁殖期にはオスが翼を震わせてディスプレイし、「ヂュンヂュンヂュリリリ」と独特な鳴き声で求愛する。営巣は林内が多い。獲物の昆虫類などを探すときは、電線や灌木に止まって尾羽をぐるぐる回すように振る。見張りのときにも同じ動作をする。別亜種のシマアカモズは額から眉斑の白色がほとんどない。九州南部で繁殖例があり、旅鳥として南西日本を通過し、先島諸島では越冬もする。

DATA

- ▶ 大きさ　　全長20cm
- ▶ 生活型　　夏鳥
- ▶ 生息地　　平地、山地、草原、農耕地
- ▶ 時期　　　4月〜10月
- ▶ 鳴き声　　地鳴きは「ギィ」。繁殖期のオスは「ヂュンヂュンヂュリリリ」と鳴く。

解説

獲物を枝に刺す「はやにえ」が有名

主食は昆虫類、両生類、爬虫類など。同じモズ科のモズ（P.19）と同じように、捕らえた獲物を枝などに刺す「はやにえ」を行う。日本ではモズが秋ごろに行い、アカモズは渡来中の4月〜10月に行うことがある。

スズメ目カラス科

カケス

橿鳥、樫鳥、懸巣　Eurasian Jay

\ 鳴き声 /
ジェー

頭が白く、黒い縦斑がある。目の周りから目の先までは黒い

体は灰色がかった薄い赤紫色。雨覆は青色、白色、黒色の斑

里山にいる鳥

冬に備えて
ドングリを蓄える習性がある

日本からユーラシア大陸まで分布する留鳥、または漂鳥。平地や山地の林を生息地にし、繁殖期はつがいになるが、それ以外の時期は小さな群れを作って生活していることが多い。樹上と地上のどちらでも活動でき、ピョンピョンと大きく跳ねるように歩いて移動する。

オスとメスは同色。カシやコナラの実であるドングリ類を主食にしているため、樫鳥とも呼ばれる。実際は昆虫も食べる雑食性。食べ物がなくなる冬に備えて木の実を樹皮や地面の隙間に隠し、その蓄えを食べて冬を過ごす習性がある。カケスには亜種があり、北海道のミヤマカケス、佐渡島のサドカケス、屋久島のヤクシマカケスなどがいる。

鳴き声

鳥の鳴き声や林業の作業音を真似する

カケスは声や音を真似するのが上手で、本来の「ジェー」というしわがれた鳴き声とは異なる鳴き声を聞くことができる。よく真似するのはタカ科のサシバ（P.47）などのさえずりで、「ピックイー」と高く澄んだ声を上げる。また、林業従事者がチェーンソーで木を伐採する作業音のような、人工的な音を真似することもある。

DATA

- 大きさ　　全長33cm
- 生活型　　留鳥または漂鳥
- 生息地　　広葉樹林、混交林
- 時期　　　1月〜12月
- 鳴き声　　しわがれた声で「ジェー」と鳴くことが多い。

スズメ目シジュウカラ科

ハシブトガラ
嘴太雀 | Marsh Tit

頭部は黒く、光の当たり具合によって光沢が出る

上面は灰色で体下面は汚白色。風切の外縁は白い

鳴き声 チュビービー

里山にいる鳥

光沢のある黒い頭部が目印

北海道で見られる留鳥で、平地から低山にかけての森林に生息する。標高は500mを超えた場所に住むことはほぼない。オスとメスは同色で、どちらも頭部は光沢がある黒色、くちばしと足も黒色。顔から頸は白く喉は黒い。体下面は淡い汚白色で、胸側から脇腹は褐色味がある。これらの羽色はコガラによく似ている。繁殖期になるとオスは「チヨチヨ」といった声を出す。テンポを速くしたり遅くしたり、緩急をつけてさえずる。樹上や地上で昆虫類、クモ類、草木の種子や実などを食べる。繁殖期には小群で生活することが多い。非繁殖期はほかのカラ類と混ざって群れを作ることもある。

DATA
- 大きさ　　全長13cm
- 生活型　　留鳥
- 生息地　　森林
- 時期　　　1月〜12月
- 鳴き声　　ハシブトガラは鳴き声もコガラに似ているが、地鳴きの前後に「プスィ」という声を交えるのが特徴。

見分け方

ハシブトガラとコガラの識別は難しい

ハシブトガラは、コガラ（P.59）とよく似ている。本種は次列風切の外縁の白い部分が目立たない。加えて名前のとおりくちばしが太く、会合線の白色がはっきりしている。行動もほぼ変わらないが、本種は地上に降りる様子が多く観察されている。このような違いはあっても識別は困難である。

スズメ目シジュウカラ科

コガラ

小雀 | Willow Tit

- 顔は白く、頭と喉は黒い
- 鳴き声 チュビービー
- 上面は灰褐色。次列風切の外縁と体下面は白色
- ハシブトガラに比べて細めの足

里山にいる鳥

樹木の幹近くで行動する

日本やユーラシア大陸に分布する留鳥。主に山地の林に住んでいる。季節の移動は少なく、越冬する時に平地の林に移ることもある程度。繁殖期以外は小群を作って生活するが、まれに単独で生活している個体もいる。オスとメスは同色で、区別が難しい。オスは繁殖期になるとゆっくりさえずるが、縄張り宣言の時には早いテンポで鳴く。枝や幹をつついて昆虫類やクモ類を探し出し、主な食べ物とする。草木の種子や実を食べることもある。北海道にはよく似たハシブトガラ（P.58）が住んでいる。両者を比較すると、コガラは頭部の黒色がやや淡く光沢がなく、くちばしや足が細めである。

見分け方

似ていても行動範囲は異なる

シジュウカラ科の外観は似ているものが多いが、行動する場所などに違いがある。例えば樹木の横枝にいる場合でも、コガラは幹近くで行動するが、ヒガラ（P.104）は枝先あたりが中心になる。とはいえ越冬期になると、シジュウカラ類のさまざまな種が混ざった群れで生活することが多い。

DATA

- ▶ 大きさ　全長13cm
- ▶ 生活型　留鳥
- ▶ 生息地　山地の林
- ▶ 時期　1月〜12月
- ▶ 鳴き声　地鳴きは「チュビービー」「ツツピー」など。オスは繁殖期や縄張り宣言の時に鳴き声を使い分ける。

スズメ目ヒバリ科

ヒバリ

雲雀 | Eurasian Skylark

頭は黄褐色。眉斑は白っぽく、耳羽は赤褐色味がある

オス

オスは頭頂の冠羽をよく立てる

尾羽までの上面は淡い黄褐色で、黒褐色の斑がある

鳴き声 ビュルビュル

里山にいる鳥

耳羽の赤褐色で他のヒバリ類と識別可

全国に広く分布している留鳥、または漂鳥。農耕地、草地、川原などに住む。オスとメスは同色。くちばしが肉色で、上くちばしの上面と先端が黒っぽいことも共通している。耳羽の赤褐色はほかのヒバリ類と識別するときの目印になる。繁殖期はつがいになり、草地の地上に営巣する。地上で行動することが多い鳥で、歩き回りながら植物の種子、昆虫類、クモ類をついばむ。非繁殖期は小群で生活する。ヒバリ類に共通した特徴として、オスは頭頂の羽をよく立てることが知られている。一方メスはオスほどは立てない。国内には3つの亜種が確認されていて、その中の亜種ヒバリは全国に分布。亜種オオヒバリと亜種カラフトチュウヒバリは冬鳥とされる。ただし研究が途上のため識別は難しい。

DATA

- 大きさ　　全長17cm
- 生活型　　留鳥または漂鳥
- 生息地　　農耕地、草地、川原
- 時期　　　1月〜12月
- 鳴き声　　飛び立つときには「ビュルビュル」、飛翔しているときには「ビュッ」と短い声で鳴く。繁殖期のさえずりはとても長い。

特徴

長いツメのわけは

ヒバリは後ろ向きの指のツメが長いことが特徴のひとつ。このツメのおかげで、風が強い場合でも比較的楽に止まることができる。地味な体の色も、地上でのカムフラージュに一役買っている。さえずりは空中か地上ですることが多いが、灌木や太めの草、枯草、杭などの上で鳴くこともある。

> 解説

繁殖期に飛翔しながら賑やかにさえずる

繁殖期には空中に舞い上がって賑やかにさえずり、縄張り宣言をする。ディスプレイ飛翔中には「チョルチョル…」と複雑に鳴き、ときには1分以上鳴き続ける。地上に降りて縄張り宣言をすることもある。

季語になっているヒバリ

ヒバリが上空を舞いながらさえずることを「揚げ雲雀」という。春によくみられることから、春の季語にもなっており、ほかにも「ヒバリ」とつく季語は、初雲雀、落雲雀、朝雲雀、夕雲雀、雲雀野などがある。

里山にいる鳥

> 見分け方

冠羽が立っていればオス

ヒバリはオスメス同色。頭から尾羽までの上面は淡い黄褐色で、体下面は全体に白っぽく、胸には淡い黒褐色の斑点がある。オスとメスの区別は、オスは冠羽をよく立てるのに対し、メスはあまり立てないという点で区別ができる。

識別が難しいヒバリの仲間

日本にはヒバリのほかに、コヒバリやヒメコウテンシなど、同じヒバリ科の鳥が数種記録されているが、どの種も識別がとても難しい。日本では珍鳥とされる種ばかりなので、出会うことは非常に難しいが、ヒバリとは違うことは分かっても何だろうと悩んでしまう。

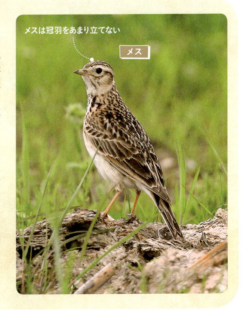

メスは冠羽をあまり立てない

メス

スズメ目エナガ科
エナガ
柄長 | Long-tailed Tit

尾羽は黒色だが、外側尾羽の外弁は白色

額から後頭にかけて白く、眉斑から背まで黒い部分が伸びる

鳴き声
ジュリリリ

里山にいる鳥

日本には4亜種が生息している

日本からユーラシア大陸にかけてよく見られる留鳥または漂鳥。平地や山地の林、木が多い住宅街や公園などに生息している。オスとメスは同色。幼鳥は黒色部分が淡く、まぶたが赤いのが特徴。繁殖期特有の鳴き声はないが、繁殖時期にはつがいで縄張りを持つようになる。主食は昆虫類、クモ類、木の実など。枝の先端近くにあるものを狙って食べることが多い。日本には4亜種が住み、北海道で繁殖するシマエナガ、本州の亜種エナガ、九州と四国に住むキュウシュウエナガ、対馬列島と隠岐島に住むのはチョウセンエナガと呼ばれている。亜種シマエナガ以外は区別が難しい場合も多い。

DATA

▶ 大きさ	全長14cm
▶ 生活型	留鳥または漂鳥
▶ 生息地	平地、山地、樹木の多い場所
▶ 時期	1月〜12月
▶ 鳴き声	年間を通して「ジュリリリ…」や「チリリリ」と連続して鳴く。

解説

シジュウカラの群れに混ざることもある

エナガは、葉の先端にいるアブラムシを停空飛行で捕らえるなどの飛翔も可能な鳥。繁殖期以外の時期は、数羽から30羽ほどの小群を作って暮らす。同じスズメ目のシジュウカラ（P.20〜21）の群れと共に行動することもあるが、一定の場所に限られる。

> すみか

こだわりの巣で子育て

エナガは、早春の時期から繁殖を始めるため、保温性の高い球形の巣を木の上につくる。外側は、クモの糸を使ってウメノキゴケを貼りつけ、内部には様々な鳥の羽や拾ってきたほ乳類などの毛などを敷くことが多い。しかし、まだ早春の頃には、木々の葉も出ていないために、巣は丸見え。カラスなどに狙われて、壊されてしまうことも多い。

コケやほ乳類の毛を使う

> 亜種のシマエナガ

真っ白で可愛いシマエナガ

北海道にのみ生息する亜種のシマエナガは、亜種エナガのような眉斑から背までの黒い部分がないため、正面から見ると顔周りが真っ白。雪の妖精と呼ばれるほど愛くるしい姿をしている。しかし、巣立ちして数週間くらいの間は、亜種エナガと同じように黒い眉斑があるので、紛らわしいことがある。

顔まわりの黒い部分がなく、真っ白

里山にいる鳥

スズメ目レンジャク科
キレンジャク
黄連雀 | Bohemian Waxwing

鳴き声 / チリリ

顔の前面に赤褐色味があり、過眼線と喉は黒色

全体はベージュのような色で、翼は黒い

里山にいる鳥

数百羽の大群で行動することもある

ユーラシア大陸で繁殖し、日本には冬鳥として渡来する。市街地や山地の林などでよく見られる。通常は群れを作って生活し、ときには100羽ほどの大群で行動する。オスとメスはほぼ同色で、どちらも頭に冠羽がある。次列・三列風切の羽先には蝋のような質感の赤い突起があるのが特徴で、黒い翼によく映える。尾羽先端に黄色い部分があるレンジャクなのでキレンジャク。主食はさまざまな木の実で、ときには昆虫類も空中で採食する。樹上で生活しているが、落ちた木の実を食べるために地上へ降りることもある。また水をよく飲むため、水たまりなどにも寄ってくる。翼をはばたかせてから閉じることを繰り返す波状飛行をする。

DATA
- 大きさ　　全長20cm
- 生活型　　冬鳥
- 生息地　　市街地や山地の林
- 時期　　　10月〜4月
- 鳴き声　　「チリリ」と細い鳴き声でさえずる。ヒレンジャクとよく似ているので間違えやすい。

特徴

「連雀」の名のとおり連なって止まる
年によって渡来数が大きく変わることが特徴の冬鳥。大群を見られる年もあれば、ほぼ見られない年もある。「連雀」という名のとおり、どこにでもずらりと並ぶ習性があり、1本の木に100羽以上キレンジャクが止まることもある。

スズメ目レンジャク科

ヒレンジャク
緋連雀 | Japanese Waxwing

顔の前面は赤褐色がかっている。過眼線と喉は黒い

鳴き声 チリチリ

全体はベージュ色。初列風切は黒く先端にV字の白い斑

里山にいる鳥

尾羽の赤色は メスよりもオスの方が太い

日本では全国各地で見られる冬鳥。市街地から山地にかけての林などに住み、常に群れで行動する。年によって渡来数が変わり、ほぼ見かけないこともある。キレンジャク（P.64）に似ているが、本種は全体が灰色がかったベージュ色で下尾筒部分が成鳥では赤く、若鳥では橙色をしている。オスメスはほぼ同色。メスは初列風切の白い斑がV字になることが少なく、尾羽の赤い部分の幅が狭いことが特徴。年齢による特徴は明確で、成鳥は下尾筒が赤っぽく腹中央が黄色っぽい。一方、幼鳥は体下面が黒灰色で白い縦斑があり、腹中央が白っぽい。成長に伴い、下尾筒の色は赤みが強くなっていく。主に木の実を食べるが、昆虫類も空中で採食する。

採食

いろいろな木の実を食べる

キレンジャクと同じく大群で1本の木や電線に並んで止まることが多い。飛ぶときには一斉に飛び立つので、壮観なさまを見られる。いろいろな木の実を採食し、ほかの鳥類があまり食べないヤドリギなどの木の実も採食する。ヤドリギの実には粘着性があり、ヒレンジャクの糞に混じって遠くへ運ばれることで、ほかの木に寄生していく。

DATA

- ▶ 大きさ　全長18cm
- ▶ 生活型　冬鳥
- ▶ 生息地　林
- ▶ 時期　　10月～5月
- ▶ 鳴き声　通常は小さな声で「チリチリ」と鳴くが、飛び立つときには大きな声を上げる。キレンジャクより1節は短いだが似ている。

スズメ目ヒタキ科
シロハラ
白腹 | Pale Thrush

オス

頭部は青味のある灰褐色。アイリングは黄色く上くちばしは黒い

鳴き声
ツイー

メス

喉は白っぽい

体下面は淡い枯草色。腹中央は白っぽいことが特徴

里山にいる鳥

腹の白色が目立たない暗色の個体もいる

本州以南に生息する冬鳥。広島県と、長崎県の対馬で繁殖が観察されている。平地や山地の林、樹木や植栽地の多い公園、果樹園などの環境を好む。オスとメスはほぼ同色。両者を比較すると、メスのほうが淡色の傾向が見られる。どちらもアイリングとくちばしの基部は黄色く、足は肉色。また羽色の濃淡には個体変異があり、腹中央の白色が目立たず、全体的に暗色の個体も見られる。地面を跳ね歩きながら、落ち葉の下や土の中からミミズ類や昆虫類の幼虫を探して食べる。秋から冬にかけては木の実も採食する。冬中は単独で生活しているが、秋の渡りの時期には集まって群れを作る。

DATA
- 大きさ　　全長25cm
- 生活型　　冬鳥
- 生息地　　平地、山地
- 時期　　　10月〜4月
- 鳴き声　　飛立つときに「ツイー」と鳴いたり、警戒して大きい声をあげたり、賑やかな鳥である。

聞き分け方

透明感のある声でさえずる

繁殖期にはメスに鳴いてアピール。九州地方の長崎県に属する対馬では、繁殖期にさえずる個体が多く観察されている。さえずりはツグミ科のアカハラ（P.121）に似ているが、シロハラのほうが透明感のある声をしている。警戒すると鋭い声で「ツイー」と鳴いたり、「ビィビビ」と大きな声を出したりして、その場から飛び立って、林内などに入り込んでしまいます。

スズメ目ヒタキ科

ツグミ

鶫 | Naumann's Thrush

頭頂から背は黒く、眉斑と頬、喉は白い

雨覆は茶色で、風切と尾羽は黒褐色

鳴き声 / クワッ

里山にいる鳥

個体変異があり、性別や年齢の識別は難しい

秋に群れをなして渡来する冬鳥。全国の平地から山地までの林、農耕地、川原などに住む。樹木や芝地が多い公園に住むこともある。オスとメスは同色。オスのほうが全体に茶色や黒色が濃く鮮明である傾向がある。とはいえツグミの羽色模様は個体変異が多く、全体が淡い個体もいれば、茶色味が強い個体もいる。外見から性別や年齢を識別するのは難しい。主に土中のミミズ類や木の実を食べる。冬鳥なので日本では繁殖をせずさえずることもないが、渡りの時期などにさまざまな鳴き声を響かせる。亜種の中でもハチジョウツグミは亜種ツグミに比べて全体の黒味が少なく、レンガ色がかっている。

観察

跳ね歩いては立ち止まり、胸を張る

主食は土中に住む昆虫類の幼虫やミミズ類。これらの食べ物を探すときは、地上を跳ね歩き、ときおり立ち止まって胸を張る動作を繰り返す。食べ物がある採食場の規模によって、群れでとどまることもあれば、単独で生活することもある。

DATA	
▶ 大きさ	全長24cm
▶ 生活型	留鳥
▶ 生息地	林、農耕地、川原、公園
▶ 時期	10月〜5月
▶ 鳴き声	渡りの時期には長い一声を響かせる。暖かい日にはぐぜることもある。

スズメ目ヒタキ科

ノゴマ

野駒 | Siberian Rubythroat

頭部からの上面はオリーブ褐色。眉斑と顎線は白い

オスの喉は鮮やかな赤色

体下面は汚白色で、脇腹に褐色味がある

鳴き声 クッ

里山にいる鳥

喉の鮮やかな赤色が特徴の鳥

北海道に渡来する夏鳥。平地から高山の草原、海岸の草地や灌木林などの環境を好む。オスもメスも全体がオリーブ褐色で、くちばしは黒く足は肉色をしている。羽色の違いは喉で、オスが鮮やかな赤色、メスが赤味のない色、もしくは淡い色。主食は地上にいる昆虫類、クモ類、ミミズ類など。繁殖期にはつがいで縄張りを持ち、丈の高い草の上、灌木や岩の上などで見張りをして過ごす。オスは朝夕に早口で賑やかにさえずる。非繁殖期は藪などの茂みの中で生活し、ときおりやさしい響きの地鳴きをする。ロシアのカムチャツカ半島には、北海道のノゴマより大型の個体が繁殖している。

DATA

- ▶ 大きさ　全長16cm
- ▶ 生活型　夏鳥
- ▶ 生息地　草原、海岸の草地、灌木林
- ▶ 時期　5月〜10月
- ▶ 鳴き声　繁殖期のオスは、地鳴きなどをいろいろな声を組み合わせてさえずる。一方、地鳴きや警戒時の鳴き声はシンプル。

解説

かつては亜種とされたオオノゴマ

ノゴマには、喉の赤い部分の下側を囲むように黒く太い線が入っている個体がいて、かつてはこれを亜種オオノゴマとしていた。現在は、黒く太い線が入っている個体も、入っていない個体も、ノゴマとして統一されている。琉球諸島の与那国島に越冬するノゴマは、オオノゴマの特徴を持っている個体が多い。

スズメ目アトリ科
シメ
鳰、蝋嘴、此女 | Hawfinch

オス

＼鳴き声／ チッ

頭と頬は橙黄色。目先、くちばしのまわり、喉は黒色

背は濃褐色。風切の羽先は紺色で、紫色味もある

目先は黒褐色

メス

里山にいる鳥

くちばしで硬い木の実も割って食べる

中部地方以北の本州と北海道で少数が繁殖する漂鳥、または冬鳥。平地から山地にかけての林、林が近い農耕地、樹林が多い公園などに生息する。尾羽が短いこともあり、全体的にずんぐりした印象の鳥。成鳥夏羽のオスは頭部が橙黄色で目先が黒色。メスは全体が淡色で橙黄色もなく、目先は黒褐色である。どちらも飛んでいるときは、初列風切の白色が翼帯となってよく目立つ。繁殖期以外は単独もしくは群れで生活していることが多い。特に厳寒期には一定の区域内で単独または群れで暮らす。樹上や地上で草木の種子を採食する。短く太いくちばしで硬い木の実も割って食べることができる。

解説

春には大きな群れとなって北上する

シメは、春に群れとなって北海道以北へ渡って繁殖し、秋に本州へ飛来するサイクルの鳥。年によって冬鳥として渡ってくる個体数が大きく変化する。春の渡りの時期になると、単独や小群で生活していたシメが集まり、群れをなして北上する姿を見られる。渡り鳥観察地として有名な青森県龍飛崎などでも、その時期には北海道へ向かって飛ぶ姿が見られる。

DATA
- 大きさ　　全長19cm
- 生活型　　冬鳥または留鳥
- 生息地　　林、農耕地、公園
- 時期　　　1月～12月
- 鳴き声　　地鳴きは「チッ」と鋭い声。繁殖期には地鳴きを組み合わせたような鳴き声でさえずることが多い。

スズメ目アトリ科
コイカル
小桑鳸、小鵤 | Chinese Grosbeak

- オス
- 頭部は黒く、紺色の光沢がある
- 頭から体下面は灰褐色、背と肩羽は淡褐色、脇腹は橙色
- 頭部は暗灰褐色
- メス
- 初列風切の羽先の羽縁のみ白色
- 鳴き声 キョッ

里山にいる鳥

オスの頭部は覆面を被ったよう

日本の関東・甲信越地方以南、アジアの一部に生息している。旅鳥または冬鳥で、国内では年によってまれに繁殖することもある。平地から山地の林を好み、主に樹上で生活している。オスは頭部が黒色で、メスは暗灰褐色をしている。厚みのあるくちばしはどちらも橙黄色で先端が黒色。硬い木の実をくちばしで割って食べる。地上を跳ね歩きながら草木の種子を探して食べることもある。同じアトリ科のイカル（P.141）の群れに入ったり、同種の群れを作ったりして集団で生活する。一箇所に定住することはなく、長距離を浅い波状飛行で移動する。オスの初列風切の先は広く白く、メスでは初列風切の先端から羽縁だけが白い。

DATA
- 大きさ　　全長19cm
- 生活型　　旅鳥または冬鳥
- 生息地　　平地から山地の林
- 時期　　　10月〜4月
- 鳴き声　　地鳴きは「キョッ」という濁った声。「キーコ キー ギィ」などとさえずる。

解説

飼育されていた個体が逃げて繁殖したことも

かつて東京都の一部で数年間、コイカルが繁殖している様子が観察されていたが、実際は飼育されていた個体が逃げて生活していたものと推測されている。外観や繁殖期の「キーコ キー ギィ」というさえずりは、同じアトリ科のイカルの「キコ キコ キー」というさえずりに似ている。

スズメ目ホオジロ科

ホオジロ

頰白 | Meadow Bunting

- 頭頂は褐色で眉斑や頰線は白色。頭側線や過眼線は黒色
- オス
- 鳴き声 チッ
- 顔の黒色がほぼないこともある
- メス
- 全体的に淡色
- 背と肩羽は茶褐色で、はっきりした黒色の縦斑がある

里山にいる鳥

頬ではなく、頰線が白い鳥

全国各地に生息するポピュラーな留鳥、または漂鳥。平地から山地までの草原、農耕地、川原、疎林などに住む。明るく開けた場所を好み、林などの暗いところへ入ることは少ない。ただし、ときおり灌木の茂みに入ることはある。オスは上面が茶褐色で、顔に黒色の部分がある。メスは全体が淡色で、顔が特に薄く黒色がほぼない個体もいる。オスとメスのどちらも頭頂の羽毛を短い冠羽のように立てることがある。足が肉色であることも共通。繁殖期になるとオスは丈の高い草木の頂上などでさえずる。聞きなしでは「一筆啓上仕候（いっぴつけいじょうつかまつりそうろう）」、「札幌ラーメン味噌ラーメン」が有名。非繁殖期は小群で生活する。

聞き分け方

ホオジロの仲間の地鳴きは似ている

日本では、ホオジロ科の仲間が迷鳥も含めて27種記録されているが、その多くが「チッ」という声で、1音ないし2音で鳴く。それに対し、ホオジロは「チチッ」と3音に聞こえるのが特徴で聞き分けられる。また、ホオジロのさえずりは「チュッピン チュチュツ チュー」だが、同じホオジロ科のホオアカ（P.142）は「チュッチィチチツ」とさえずるので聞き分けられる。

DATA

- ▶ 大きさ　全長17cm
- ▶ 生活型　留鳥または漂鳥
- ▶ 生息地　草原、農耕地、川原、疎林
- ▶ 時期　1月〜12月
- ▶ 鳴き声　地鳴きは「チチッ」と2音に聞こえる3音。繁殖期は春から初夏だが、秋にもさえずることがある。

スズメ目ホオジロ科

シマアオジ

島青鵐 | Yellow-breasted Bunting

オス

額、顔、喉が黒色で、頭頂から上面は茶褐色

鳴き声 / チッ

体下面は鮮やかな黄色。脇腹には茶褐色の縦斑がある

メス

全体的にオスより淡い色

里山にいる鳥

体下面の鮮やかな黄色が映える鳥

北海道で見られる夏鳥。日本海側の島などに少数が渡来することもあるが、群れになるほど多くはない。草原、湿原、牧草地などに住む。明るく広々とした場所を好む傾向があり、近くに林があっても入ることはまれで、藪にもあまり入らない。オスもメスも体下面が黄色く、メスはオスより淡い黄色をしている。成鳥夏羽の体上面は、オスが茶褐色でメスが淡い茶褐色。メスは頭頂部も茶褐色で、眉斑と耳羽が汚白色をしている。成鳥冬羽はどちらも全体が淡色に変わる。通常は草地で主に種子を採食する。繁殖期には縄張りを持ってつがいで生活する。主に灌木のある草原に営巣し、昆虫類やクモ類を食べることが多い。

DATA

- 大きさ　　全長15cm
- 生活型　　夏鳥
- 生息地　　草原、湿原、牧草地
- 時期　　　5月〜10月
- 鳴き声　　地鳴きは「チッ」という短い声だが、繁殖期には「フィヨフィヨフィー」と透き通った声で鳴く。

鳴き声

のどかに響く美声の持ち主

オスは繁殖期になると、見晴らしのよい草原に生えた草の先やハマナスの枝に止まり、ゆっくりしたテンポでさえずる。このときの「フィヨフィヨフィー」という鳴き声は、1節が長くのどかな響き。透明感のある美声は、「草原のフルート奏者」と呼ばれることもある。30年ほど前までは北海道に多数生息しており、鳴き声はよく聞かれたが、今では見ることさえ難しい。

スズメ目ホオジロ科

コジュリン

| 小寿林 | Japanese Reed Bunting

オス
頭部は黒色。目の後ろの小さな白い点は個体変異がある

上面は薄茶色で、黒褐色の縦斑がある

頭部はオスより薄い黒褐色

メス

鳴き声
ジュッ

里山にいる鳥

繁殖期以外は枯れた草地に好んで住む

中部地方以北の本州と熊本県で繁殖する夏鳥。少数が越冬する。平地から山地にかけての草原、アシ原、川原などに住んでいる。オスとメスの成鳥夏羽を比較して、特に目立つ違いは頭部の色。オスは黒色、メスは黒褐色で眉斑と頬線が汚白色をしている。幼鳥は腹部が黄色っぽく、くちばしは肉色。外側尾羽は性別や年齢に関係なくほぼ白色。繁殖期は縄張り内で暮らし、主に昆虫類を食べ物とする。繁殖期以外は単独もしくは小群で行動する様子が見られる。その際にはアシ原より枯れた草地を選び、草の種子などを採食することが多い。オスは繁殖期になると丈の高い草に止まり、間隔の開いたさえずりをのんびりと繰り返す。

聞き分け方

地鳴きやさえずりが似た鳥もいる

コジュリンの地鳴きは「ジュッ」と短い。コジュリンと同じ草原や川原に住むホオアカ（P.142）の地鳴きにもよく似ている。また、繁殖期のさえずりはホオジロ（P.71）の「チュッピン チュチュツ チュー」という声と間違えられやすい。コジュリンのさえずりは「チュピィ チュリ チュ」。鳴き声だけでコジュリンとホオジロ、ホオアカを識別するのは難しい。

DATA

- ▶ 大きさ　　全長15cm
- ▶ 生活型　　夏鳥
- ▶ 生息地　　草原、アシ原、川原
- ▶ 時期　　　4月〜10月
- ▶ 鳴き声　　オスは「チュピィ チュリ チュ」とさえずる。ホオジロの声によく似ているが、コジュリンは1節が短い。

キジ目キジ科
ライチョウ
雷鳥 | Rock Ptarmigan

オス

成鳥オスは繁殖前には目の上の赤い皮膚が膨らむ

鳴き声 / ゲーエ ガアー

完全な成鳥冬羽オスは過眼線と尾羽以外は白色

メスには目の上の赤い肉冠がない

メス

野山にいる鳥

絶滅が危惧されている野鳥の一つ

留鳥。北・南アルプスと妙高山に生息。高山のハイマツ帯にいるが、近年、温暖化により生息地が狭まり、天敵が増加してその数を減らしている。繁殖期はつがいで行動する。オスは朝夕や霧の濃い日に限ってハイマツの中から出てくるが、それ以外は出ず、観察しにくい。成鳥夏羽オスは額、喉、腹と翼の大部分が白く、ほかの部分は黒褐色。メスは翼の大部分と下腹部が白く、ほかの部分は黒褐色、橙黄色、白の斑模様となっている。冬はオスもメスも全体が白くなるが、尾羽は黒い。年齢に関係なく足の指にまで羽毛があり、これは幼鳥にもある。普段はあまり飛ばないが、繁殖期が近づくと縄張りに侵入したほかのオスを追い払うために飛ぶ。繁殖期にオスは尾羽と翼を広げて求愛のディスプレイをする。

DATA
- 大きさ　全長36cm
- 生活型　留鳥
- 生息地　北・南アルプス、妙高山などのハイマツ帯
- 時期　1月〜12月
- 鳴き声　繁殖期にオスはしわがれた声で「ゲーエガアー」と鳴く。メスは小さな声で「クックッ…」と鳴く。

特徴

大きい盲腸がある鳥類

ライチョウは、ずんぐりとしたニワトリ型の体型だ。消化しにくい樹木や草の葉、新芽、果実を食べるせいか、鳥類としては比較的大きい30cm以上もの盲腸をもつ。これは、同じような食事をしているキジ類のものよりも大きい。ライチョウは、大きい盲腸で消化しにくい食べ物でも食べられるようになることで、厳しい寒さの中でも生きていく術を身につけている。

> おすすめ

ライチョウの最南限生息地日本

北半球だけに広く分布するライチョウは、ピレネー山脈やヨーロッパの山脈にも生息しており、日本は雷鳥の生息地の最南限。日本には、本種と北海道の森林にすむ別属のエゾライチョウの2種がいる。

日本の特別天然記念物の野鳥

ライチョウはおよそ2万年前の氷河期に日本に渡って来て、高山に生き残った生きた化石である。1955年に特別天然記念物に指定されており、長野県・岐阜県・富山県の県鳥でもある。平安時代は「ライ（霊）ノトリ」と呼ばれ歌に詠まれている。江戸時代以降、雷となったが、「雷の様に鳴く」や「雷よけとなる」など、名前の由来には諸説ある。

> 見分け方

周囲の環境にとけ込む羽色

ライチョウの羽は、環境に合わせた保護色をしていて、オスもメスも夏は黒褐色になり、冬は雪に合わせて真っ白に近くなる。特に、成鳥夏羽オスは、頭部から上面は黒褐色で、胸から体下面は白く、成鳥夏羽メスは、頭部から上面が黄色味がかった褐色をしている。冬はオスもメスも白いが、尾羽は黒い。また、オスの目の上の肉冠は通年あり、繁殖期には肥大化する。

野山にいる鳥

キジ目キジ科
エゾライチョウ
蝦夷雷鳥 | Hazel Grouse

オスは目の上の皮膚が赤い

オスは喉の部分が黒くなっている

鳴き声 ピーピィピィ

野山にいる鳥

北海道で観察できる喉の黒いライチョウ

北海道に生息しているライチョウの一種。目の上の皮膚が赤く、目の横に白い羽毛の斑が入っている。白い羽毛が額から頸側を通って肩のラインまでつながって見える。オスもメスともに冠羽を持ち、ライチョウ（P.74〜75）と違い足指には羽毛がない。一年中、羽の色が変わることがない。繁殖期以外は小群で暮らし、森林の中で採食しているが、時々、林道に現れることもあり、運が良ければ観察できるかも。鳴き声は「ピィーピィピィ……ピー」で、胸を張り、頸を縮めて上を向いて鳴く。間隔をあけて繰り返すように鳴き、合間に小さく「チョイチュイチョ」という鳴き声が入る。メスは全体的に褐色で喉の黒みがない。あまり長距離を飛ぶことはない。

DATA	
▶ 大きさ	全長36cm
▶ 生活型	留鳥
▶ 生息地	平地から山地の林など
▶ 時期	1月〜12月
▶ 鳴き声	オスは鳴くときに胸を張り、頸を縮めて上を向く。

解説
北海道のヤマドリとはこの鳥のこと
もともとヤマドリというと、北海道ではこのエゾライチョウをさしていた。北海道の針葉樹林帯などの、低地から亜高山に数多く生息し、北海道ではエゾライチョウの肉が輸出されていたこともあった。近年、キツネなどによる捕食で数を減らしているが、いまだに狩猟鳥である。

ハト目ハト科

カラスバト

烏鳩 | Japanese Wood Pigeon

頭頂と背には赤紫色の光沢。亜種のアカガシラカラスバトは頭部から頸が暗紅色

頸には緑色の光沢がある

鳴き声 グルルル ウー ウウゥー

野山にいる鳥

全身が真っ黒なハト

島嶼にのみ生息し、数の少ない鳥。平地から山地の暗い林に生息しているが、特に常緑広葉樹の密生した林内を好む。早朝、日の当たる枯れ木や梢に止まっている姿が観察できる。主に樹上で木の実を食べ、地上を歩きながら木の実や草の種などを採食している。オスメス同色でキジバト（P.41）より大きく、全身が真っ黒に見える。頭頂と背には赤紫色の光沢があり、頸には緑色の光沢がある。この光沢は日陰にいても見ることができる。虹彩は暗褐色で、くちばしは黒く先端は淡色。足が紅色。黒いドバトとよく似ているが、ドバトは蝋膜が白い。また、シルエットでは頭が大変小さく見える。絞り出すように「グルルル ウー ウウゥー」と鳴く。

住み分け

国内では3亜種が存在している

3亜種が存在し、カラスバト、アカガシラカラスバト、ヨナグニカラスバトがいる。カラスバトは沖縄島以北から本州までの島嶼、アカガシラカラスバトは小笠原諸島の一部、ヨナグニカラスバトは先島諸島に生息。アカガシラカラスバトは、頭部から頸が暗紅色をしている。

DATA	
▶ 大きさ	全長40cm
▶ 生活型	留鳥
▶ 生息地	平地から山地の暗い林
▶ 時期	1月〜12月
▶ 鳴き声	繁殖期にオスは押し殺したような声で「グルルル ウー ウウゥー」と鳴く。

ハト目ハト科
アオバト
緑鳩 | Japanese Green Pigeon

オス
額と喉から胸が黄色っぽいオリーブ色
くちばしは青く先に赤味がある
鳴き声 オーアオーオアーオー
メス
中・小雨覆は赤紫色

野山にいる鳥

海水を飲む姿が観察できる緑のハト

成鳥オスは額と喉から胸は黄色っぽく、頭頂から背は灰緑色。中・小雨覆は赤紫色。大雨覆は緑褐色。メスは全体に淡色でオリーブ色っぽい。虹彩は青色。小樽市や神奈川県大磯町の海岸など特定の場所でアオバトが群れで遠路飛来し、海水を飲む姿を観察できる。尾羽から下半身にかけて、意図的に海水に漬ける尾浸けを行うが、なぜそうするのかはわかっていない。海水のない山岳地域で生息するアオバトは塩分のある温泉水、醤油や味噌を作っている工場の排水を飲んで塩分摂取する姿が観察されている。ほかにもアオバトの生態は不明な部分が多く、巣もなかなか見つけることが難しい。

DATA
- 大きさ　　全長33cm
- 生活型　　留鳥または漂鳥
- 生息地　　海岸から山地の林
- 時期　　　1月〜12月
- 鳴き声　　ヨーデルの裏声を聞いているような独特の声。また、早口でつぶやくように「ポーポッポッポ」などとも鳴く。

生活

身を危険にさらして塩分を摂取する

海岸に水を飲みに現れる姿が観察できる地域は限定されている。塩分を吸収するためだが、敵に狙われたり、波にさらわれたりして命を落とす個体も多い。神奈川県大磯町では毎年5月初旬から10月頃までの早朝と夕方、岩場でその姿が見られる。

ペリカン目サギ科

ズグロミゾゴイ

| 頭黒溝五位 | Malayan Night Heron

- 頭頂から後頭は濃藍色
- 鳴き声 ボゥー
- 後頭には冠羽がある
- 翼角には白と茶色の模様がある。ミゾゴイには小さい白斑がある

先島諸島にいるミゾゴイに似た鳥

先島諸島に留鳥として生息している。農耕地や常緑広葉樹の林または林縁などで観察できる。夕方から活発に動き、カエル、トカゲ、ミミズなどを採食している。日中は木陰で休息する。オスメス同色で頭頂から後頭は濃い藍色。後頭には冠羽がある。喉からの体下面は淡褐色で、頸には黒褐色の縦斑が1本から数本、入っている。胸から腹は淡褐色で、白と黒の斑が密に入っている。オスとメスの違いは頭頂の色で、濃い方がオス。また、冠羽もオスの方が長い。幼鳥は全体的に白と黒の斑模様をしている。初列風切の羽先は白い。「ポー」というやや尻下がりの声で連続10回前後鳴く。

野山にいる鳥

見分け方

ズグロミゾゴイとミゾゴイの見分け方

ズグロミゾゴイとミゾゴイはよく似ている。違いはミゾゴイの翼角部分は小さい白斑があるが、ズグロミゾゴイには白と茶色の模様が入っていること。また、ズグロミゾゴイは初列風切の羽先が白いことで見分けることができる。ズグロミゾゴイの幼鳥は全体的に黒と白の斑模様で、頭から上面の白色の細かい斑が目立っている。

DATA

- ▶ 長さ　　全長49cm
- ▶ 生活型　留鳥
- ▶ 生息地　先島諸島の森林など
- ▶ 時期　　1月〜12月
- ▶ 鳴き声　「ボゥー」と10回前後、やや尻下がりの声で連続して鳴く。声はミゾゴイと大変よく似ている。

カッコウ目カッコウ科

ジュウイチ

十一、慈悲心鳥 | Rufous's hawk-cuckoo

黒くて太い腮線が入っている

鳴き声 ジューイチ

尾羽先端には黒帯が数本ある

野山にいる鳥

カッコウのように托卵する鳥

九州以北に渡来する夏鳥。単独で行動し、林内や林縁でガの幼虫などを採食する。托卵性で主にコルリ（P.123）のほかオオルリ（P.131）、ルリビタキ（P.124〜125）などツグミ類やヒタキ類の巣に産卵する。オスメス同色で姿かたちはツミ（P.88）のオスに似ている。前頸部は白く、黒くて太い腮線が入っている。胸と腹は淡い橙色で下腹部から下尾筒は白い。翼下面の風切にはタカ斑模様があり、下雨覆は淡い錆鉄色。メスは「ジュジュジュ」と鳴く。メスには、頭が青灰色で、背からの上面が赤褐色をしていて、黒斑がある個体もいる。

DATA

- ▶ 大きさ　　全長32cm
- ▶ 生活型　　夏鳥
- ▶ 生息地　　山地の森
- ▶ 時期　　　5月〜10月
- ▶ 鳴き声　　「ジューイチ」と繰り返しながら鳴く。
- ▶ 聞きなし　「ジュウイチ」

特徴

翼角パッチ

仮親をだますディスプレイ行為

托卵先の巣で孵化したヒナは、翼の前縁中央部にある翼角を上げ、翼角パッチと呼ばれる黄色い皮膚露出部を仮親に見せる。頭の横に翼角パッチをもってくると、くちばしが三つあるように見える。そうして、三羽のヒナがいると勘違いさせ、仮親からより多くの食べ物を得る。

カッコウ目カッコウ科
ホトトギス
杜鵑 | Lesser Cuckoo

腹は白く、脇腹には灰黒色の横斑が7〜9本ほどある

虹彩は淡い橙色だが、瞳孔が大きいので黒く見える

鳴き声
キョキョッ
キョキョキョ

野山にいる鳥

托卵するカッコウの仲間

夏鳥としてほぼ全国に渡来する。単独で生活し、林内や林縁でガ類の幼虫を捕食している。托卵性で主にウグイスの巣に産卵する。オスメス同色だが、赤色型のメスもいる。オスはツミやハイタカのメスによく似ている。ほかのカッコウ類に比べると小さいのが特徴。成鳥の上面は灰黒色で、喉から胸上部は灰白色。胸からの横斑は脛までで7〜9本ぐらいあり、カッコウ類の中では一番少ない。尾羽には白斑が入る。飛翔時にはよく翼をふるわせるように飛ぶことがある。オスは「キョッ キョ キョ キョ キョ」と繰り返しながら鳴き、メスは「ピピピピ」と鳴くが、カッコウより1節が短く、テンポが遅い。

解説

時を告げ、激しく鳴く鳥

古くから親しまれ、万葉集には150首ほどホトトギスについて詠まれた歌があり、田植えの合図をする鳥と詠まれたものもある。季節の区切りを示すことから「時鳥」とも書く。夜間でも鳴き、口の中が赤く見えることから、血を吐くまで歌う鳥とされ、歌人正岡常規は結核で血を吐いた自分とホトトギスを重ね合わせ、雅号を子規(ホトトギス)とした。

DATA

▶ 大きさ	全長28cm
▶ 生活型	夏鳥
▶ 生息地	平地から山地の高原、草地、林
▶ 時期	5月〜10月
▶ 鳴き声	繁殖期のオスは何度も繰り返して鳴く。夜間に鳴くこともある。
▶ 聞きなし	「特許許可局」

カッコウ

カッコウ目カッコウ科

郭公 | Common Cuckoo

虹彩は橙色がかった黄色

鳴き声 カッコウ…

初列風切のタカ斑は密にある

野山にいる鳥

托卵の理由はいまだに不明

平地から山地の林や草原などで観察できる。主にガの幼虫を採食している。電線などに止まって鳴き、あたりを見張るような行動をする。托卵をする鳥として有名だが、カッコウ属は体温が低く、それが托卵の理由のひとつではないかという説が有力だが、いまだにはっきりしたことはわかっていない。繁殖期にオスは名前の通り「カッコウ」と鳴く。飛行中に鳴くことは少ない。英名のCuckooも鳴声が由来で名付けられたとされている。オスメス同色で風切は黒褐色、喉から胸は灰色で腹は白く、灰黒色の横斑があり、脇腹の灰黒色の横斑は11〜13本。下尾筒は白く羽先が黒い。

DATA

- 大きさ　全長35cm
- 生活型　夏鳥
- 生息地　平地から山地の林や草原
- 時期　　5月〜10月
- 鳴き声　「カッコウ…」と鳴く。メスは「ピッピィ」と鳴く。

見分け方

似た姿の種類との見分け方

カッコウは、ツツドリ（P.84）と同じく頭部から胸、上面が灰色をしており、体下面の横斑や虹彩の色などが似ている。しかし、カッコウと比べてツツドリの横斑は太くて粗く、ホトトギス（P.81）の横斑は太くて少ないことで識別できるが、カッコウ、ツツドリ、ホトトギスの3種類を識別するのは、鳴き声以外では難しい。

おすすめ

見つけやすい種

日本で観察できるカッコウ科の野鳥の中でも特に草原を好む性質があるため、見つけやすい種だといわれている。「カッコウ カッコウ」という鳴声をたどって高木や杭などの周りより高い場所を探すと良い。

閑古鳥が鳴くとはカッコウのこと

カッコウの日本名や英名は、鳴き声が由来で、ほかにもドイツやオランダでも鳴き声が名前の由来とされる。日本でも古くからなじみ深い鳥で、慣用句などによく用いられている。「閑古鳥が鳴く」とは、人が集まらず物寂しい様子のことで、さびれた店の様子をいう言葉だが、この閑古鳥とはカッコウのこと。カッコウの鳴き声が物寂しく聞こえるため、このような言葉ができた。

托卵するときの細工

主にヨシキリ類やモズ類の巣に托卵する。その際、元の巣から一つ卵を落とし、元からあった卵の数に合わせて托卵する。先に生まれるカッコウのヒナは、食べ物を独占する必要があるので、仮親の卵を捨てている。

自分よりも体の小さい仮親に食べ物を与えられているカッコウのヒナ。この仮親はオオヨシキリ

野山にいる鳥

カッコウ目カッコウ科

ツツドリ
筒鳥 | Oriental Cuckoo

- 虹彩が淡い橙色に見える
- 上面はやや濃い暗青灰色となっている

鳴き声
ポポッ…

野山にいる鳥

托卵するカッコウの一種

九州以北に渡来する夏鳥。山地の林などで単独で生活し、林内や林縁でガ類の幼虫を採食している。幼鳥の好物は桜の木にいるオビカレハの幼虫。カッコウ（P.82〜83）と違ってあまり林外には出てこない。托卵性で主にセンダイムシクイ（P.107）の巣に産卵することが多い。オスとメスはほぼ同色。

成鳥の上面はカッコウよりやや濃い暗青灰色で、風切は黒褐色。喉から胸は灰褐色。メスには上面全体が赤茶色の赤色型がいる。オスはツミ（P.88）に似ている。腹部に横斑があり、脛まで9〜11本入っている。メスの胸部には横斑があり、喉から胸上部に錆色味がある個体が多い。オスもメスも下尾筒は白く、羽先は黒い横帯になっている。

DATA
- ▶ 大きさ　　全長33cm
- ▶ 生活型　　夏鳥
- ▶ 生息地　　山地の林
- ▶ 時期　　　4月〜10月
- ▶ 鳴き声　　オスは最初は一音ずつ鳴き、その後に二音ずつ区切って鳴く。メスはオスより早口。

鳴き声

筒を叩くような音からその名がつけられた

中国では、「ホトトギス（杜鵑）の中くらいの大きさをした鳥」ということで「中杜鵑」と書くが、ツツドリの日本名は鳴き声が筒を叩く音に似ているといわれたことが由来。オスは最初は一音ずつ「ポポポポポ…」と鳴き、その後に二音ずつ「ポポッ、ポポッ、ポポッ、ポポッ…」と区切って鳴く。メスは早口で「ピィピィピィ…」と鳴く。テンポはホトトギス（P.81）とほぼ同じで、カッコウより遅い。

ヨタカ目ヨタカ科
ヨタカ
夜鷹 | Jungle Nightjar

ほぼ黒褐色で灰白色と茶褐色の虫喰い斑

小さいくちばしだが口は大きい

鳴き声
キョキョキョ…

野山にいる鳥

口を開けて飛び、昆虫を食べる

夏鳥で、日中は腹を木の枝に沿わせて密着して休息する。夕暮れとともに行動し、林縁部などで羽音を立てずに口を開けながら飛び、口に入ってくる昆虫を食べる。くちばしは小さいが口は大きい。オスとメスはほぼ同色で、体全体がほぼ黒褐色で灰白色と茶褐色の虫喰い斑などの斑が入った複雑な模様をしている。くちばしのわきに長いひげをもっていて、虫を捕らえるのに役立っている。成鳥メスには尾羽の白斑はない。林内の少し開けたところにある裸地の地表に直接卵を産んで育雛する。巣は作らない。繁殖期の夜間にオスは連続して「キョキョキョ…」と長く鳴く。鳴くときは木に止まったり、ディスプレイ飛翔をしながら鳴く。

特徴

大きな口を開けて飛ぶ

ヨタカは、フクロウ類と同じように羽音を立てずに飛ぶ。また、羽虫を好んで食べ、夜間にがま口のような大きな口を開けたまま飛翔して、昆虫類を空中で補食する。「キョキョキョ」という鳴き声から、「キュウリキザミ」や「ナマスタタキ」などの別名がある。

DATA	
▶ 大きさ	全長29cm
▶ 生活型	夏鳥
▶ 生息地	平地から山地の林
▶ 時期	4月～10月
▶ 鳴き声	オスは低い声で「ボウボウボウボウ」と鳴く。メスらしき個体がくぐもった小声で「コア コア コア…」と鳴くこともある。

アマツバメ目アマツバメ科
アマツバメ
雨燕 | Pacific swift

風に乗って尾羽を広げると燕尾に見えない

喉から頸は灰白色で黒褐色の細い縦斑

\鳴き声/
ジューリリ…

鎌のように見える翼

野山にいる鳥

空中で睡眠や交尾をする

群れで生活し、営巣地付近では低くなったり高くなったり、追いつ追われつしながら高速で飛び回る姿が観察できる。空中を浮遊する昆虫類を捕食し、巣材も空中で確保する上、睡眠や交尾も空中で行う。岩の崖の割れ目などに枯葉などを唾液で固めて椀型の巣をつくる。巣の中では止まっているが、ほとんどの時間を空中で過ごす。全長20cmで翼開長は約43cmと翼が長い。上面は黒色、腹は白く、喉は灰白色で細い縦斑がある。胸から腹は黒褐色で白っぽい横斑がある。尾羽は燕尾だが閉じると細い一本に見えたり、開くと角尾や円尾に見えたりすることもある。オスメス同色。幼鳥は、全体的に淡色で外側尾羽も短い。

DATA
- 大きさ　　全長20cm
- 生活型　　夏鳥
- 生息地　　海岸、崖のある山地
- 時期　　　4月～12月
- 鳴き声　　群れで飛行中に「ジューリリ…」と鳴く、営巣地の上空で100羽以上で鳴き交わしも。

解説
草を刈る鎌の形に似ている鎌燕

アマツバメは、アマツバメ目アマツバメ科アマツバメ属に分類される鳥類で、姿はスズメ目のツバメ（P.25）と似ているが、類縁関係は遠い鳥。空中を飛行する姿がまるで草を刈る鎌の形に見えるので、鎌燕と呼ぶ地方も。飛行は得意だが歩きは不得意。脚はかなり短く、指は前を向いていて、爪で崖にぶら下がるように止まることしかできない。

チドリ目シギ科
オオジシギ
大地鷸 | Latham's Snipe

- 肩羽の白い羽縁のうち脇腹に近いものが白く目立つ
- 目先の黒線が太い
- 鳴き声：ジェッ…

日本で唯一、繁殖するタシギ類がオオジシギ

草地、牧草地、湿地などで観察できる。一羽で行動することが多いが、渡りの時期には数羽から十数羽が集まることも。地中にくちばしを差し込んで、ミミズ類や甲殻類、軟体動物や昆虫類を採食する姿を見ることができる。繁殖期では鳴きながらディスプレイ飛翔をする。この飛翔は急降下と上昇を交えたもので、上昇飛行しながら「ズビャークズビャーク」と激しく鳴き、急降下時に尾羽を扇状に開くので、風を切るザザザッという音が出る。尾羽の枚数は個体によって16〜18枚。タシギ類はどの種もとても良く似ているので、野外で見分けるのは大変難しい。オオジシギはほかのタシギ類に比べると体の色が全体的に白っぽく見える。

野山にいる鳥

見分け方

4種のタシギ類との見分け方ポイント

タシギ類には、タシギ (P.184)、ハリオシギ、チュウジシギ、オオジシギの4種いるが、このうち日本で繁殖するのはこのオオジシギのみ。特にタシギは国内でよく観察できるので、識別するときは尾羽の枚数や肩羽の白い羽縁が下にさがって見えるか、などに気をつけるといいが、識別はかなり難しい。

DATA

▶ 大きさ	全長30cm
▶ 生活型	夏鳥、関東地方以南では旅鳥
▶ 生息地	草地、牧草地、湿地、水田、畑、池
▶ 時期	3月〜10月
▶ 鳴き声	「ジェッ」と力強い声を出して飛び立つ。

タカ目タカ科

ツミ

雀鷹 | Japanese Sparrowhawk

オス

アカハラダカやハイタカによく似ているが、ツミは黄色いアイリングで見分けられる

胸腹は淡い橙色から白っぽいものまでさまざま

上面の色はオスより少し淡い青黒色

メス

鳴き声 ピョーピョピョ…

野山にいる鳥

日本で一番小さいタカの仲間

九州以北では夏鳥で、越冬するものも少数いる。平地から山地の林、市街地などにいて、小鳥類や昆虫類などを捕食する。成鳥オスの頭から上面は青黒色で虹彩が赤い。胸腹は個体によって淡い橙色のものから白っぽいものまでさまざま。大きな特徴として黄色いアイリングがあり、見分ける場合の目印となる。蝋膜は黄色で足は淡い橙色。翼下面は全体にタカ斑が入る。成鳥メスの腮線は目立つ個体と目立たない個体がいる。メスの虹彩は黄色。3月ごろから繁殖行為をして、オスがメスに求愛給餌行動をする姿が見られる。9月～11月に渡去する。一羽で飛ぶことも多い。沖縄島以北に亜種ツミが生息し、先島諸島には亜種リュウキュウツミが留鳥で生息している。

DATA

▶ 大きさ　　全長27cm(オス)
　　　　　　30cm(メス)
▶ 生活型　　夏鳥、留鳥
▶ 生息地　　平地から山地の林、市街地
▶ 時期　　　3月～10月(夏鳥)
▶ 鳴き声　　繁殖期には最初の2～3音をやや長めに伸ばした後、尻下がりに短く速く連続した声で鳴く。

見分け方

黄色いアイリングが見分けのポイント

漢字で「雀鷹」と書くように、スズメのように小さい、あるいはスズメを捕食する鳥というのがツミの名前の由来。地方によってはススミあるいはスミとも呼ばれていた。アカハラダカとハイタカによく似ているが、この2種には黄色いアイリングがないので、それが見分ける際のポイントとなる。

フクロウ目フクロウ科

コノハズク

木葉木菟 | Oriental Scops Owl

羽角とよばれる耳のように見える羽をもっている

虹彩はよく目立つ

鳴き声
コッコッコー

野山にいる鳥

日本のフクロウで最も小さい種

日本では北海道や本州北部で夏鳥、本州南部では留鳥。平地から山地の林で生息している。単独かつがいで行動し、昼間は木陰や樹洞で休息し、夕暮れから活発に行動し始める。主に昆虫類を採食する。耳のように見える羽角は、昼間は立てているが夜はたたんでいる。メスはオスより少し大きく、オスメス同色。日本のフクロウ類の中で最も小さいフクロウで、淡灰褐色の体に黒色、褐色、淡い橙色、白色などの色が複雑に入り混じっている。褐色型が多い。赤色型もいるが、この赤色型はメスだけである。類似鳥としてリュウキュウコノハズクがいる。リュウキュウコノハズクは赤褐色味のある個体が多い。

解説

1935年のラジオ放送で鳴き声が判明

聞きなしは「仏法僧(ぶっぽうそう)」。個体によっては最初の「仏」が小さいか出さない場合もある。ブッポウソウ(P.94)という名前の鳥もいて、その鳥が仏法僧と鳴いていると思われていたが、NHKのラジオ番組でこの声を放送したところ、視聴者の自宅で飼育しているコノハズクが同じように鳴いたのを聞いたという人がおり、コノハズクの鳴き声だと判明した。

DATA

- ▶ 大きさ　　全長20cm
- ▶ 生活型　　夏鳥
- ▶ 生息地　　平地から山地の林
- ▶ 時期　　　5月〜10月
- ▶ 鳴き声　　繁殖期の夜間にオスがなく。
- ▶ 聞きなし　「仏法僧」

フクロウ目フクロウ科
フクロウ
梟 | Ural Owl

虹彩はどの亜種も濃黒褐色となっている

\鳴き声/
ゴッホ ゴロフォ ゴッホ

足の指の上面には羽毛がある

野山にいる鳥

「森の狩人」の異名をもつ鳥

留鳥で平地から山林の林、農耕地、草原などで生息している。日中は暗い林の中で休息し、夕方から活動しはじめるが、日中に活動することもある。羽の音をたてず、ネズミや鳥類、両生類や爬虫類、昆虫類などを捕食している。オスメス同色で全体の羽色と模様、体の大きさは繁殖地によって異なり、4つの亜種（亜種フクロウ、亜種エゾフクロウ、亜種モミヤマフクロウ、亜種キュウシュウフクロウ）がいる。虹彩はどの亜種も濃黒褐色となっている。また、どの亜種にも風切と尾羽にはタカ斑模様があり、翼全体は幅広で、丸みのある体型をしている。足の指の上面には羽毛がある。

DATA
- ▶ 大きさ　　全長50cm
- ▶ 生活型　　留鳥
- ▶ 生息地　　林、農耕地、草原
- ▶ 時期　　　1月〜12月
- ▶ 鳴き声　　メスは少し濁ったボソボソした声で鳴く。そのほか、「ギャー」「ウフフフ…」や、犬のように「ワン」という声も出す。

特徴

頸が回る理由

フクロウは頸を360度回すことができると思われがちだが、実は左に270度、右に270度回っているのが正解。頸が回るしくみは、頸椎の骨の数にある。人間の頸椎の骨の数は7個なのに対し、フクロウは14個。そのため、より柔軟に頸を回すことができる。また、フクロウの目は顔の正面についているため、顔の側面に目がついているほかの鳥に比べて視界が狭い。正面についた目で広い範囲を見るために、頸を回して周囲を見ているのである。

特徴

右耳 / 左耳

耳の位置が非対称

フクロウの耳は羽毛に隠されていて見えないが、左右非対称の位置についている。これは、獲物が立てた音を立体的にとらえるためで、左右方向だけでなく上下方向の正確な位置を把握できる。

特徴的な顔盤の働き

フクロウの顔は、ハート型で平面的なつくりになっている。この平面的な部分は、硬い羽毛で縁取られている。この部分は顔盤といい、パラボラアンテナのような役割を果たす。狩りのとき、顔盤でわずかな音も集音し、獲物の居場所を突き止めている。

暗い林に住むハンター

大木の樹洞に営巣することが多く、ほかにも木の根元の地上や屋根裏、神社林、屋敷林などにも巣を作る。樹木にじっととまって獲物を探すことがあり、獲物を待ち伏せしている姿が観察できる。素早く羽ばたき、ヘリコプターのように空中にとどまって飛ぶホバリングをして獲物を捕らえることもある。

狩りに適した体をもつ

フクロウの足の指は前に2本、後に2本と分れている。獲物を逃がさないよう握力も強い。また、羽には「セレーション」と呼ばれるノコギリ状のギザギザがついている。これで空気の流れにうずを作り、音を立てずに獲物に近づく。

ネズミをくわえて巣にもどる親鳥

野山にいる鳥

フクロウ目フクロウ科

トラフズク

虎斑木菟 | Long-eared Owl

虹彩は橙色をしている。よく似ているコミミズクは黄色

風切はタカ斑同様の模様がある

鳴き声 ボゥー

野山にいる鳥

羽角と呼ばれる羽をもつ

留鳥または冬鳥で日本国内では全国的に観察できる。平地から山地の林、川原、草原、農耕地などで生息している。繁殖期はつがいでいるが、越冬期は数羽で竹藪や樹上に群れる性質がある。停空飛行をし、主にネズミ、カエル、小鳥を捕食する。オスとメスはほぼ同色。外見上の最大の特徴として長い羽角と呼ばれる耳のように見える羽が生えている。羽衣の色は白っぽいものから茶色っぽいものまでさまざまで、個体変異がある。繁殖期の夜間、オスもメスも「ボーォ」とゆっくり鳴き、その間、オスはディスプレイ飛行をして羽を振り上げパチッという音を出す。虹彩は橙色をしているが、カメラのストロボが反射して黄色く撮影されることもある。

DATA

- ▶ 大きさ　全長36cm
- ▶ 生活型　留鳥または冬鳥
- ▶ 生息地　林、川原、草原、農耕地
- ▶ 時期　1月〜12月
- ▶ 鳴き声　メスは巣立ちヒナのそばで「クワッ クワッ」と大きな声で鳴いて、巣立ちを促すことも。

見分け方

虎模様をしたミミズクなのでトラフズク

全身の虎模様の斑がその名の由来。オスとメスの差では、オスは上面の各羽にある黒い縦斑がはっきりしていることが多い。ヒナは羽角が短く、年齢とともに長くなる。類似鳥としてコミミズクがいるが、コミミズクの虹彩は黄色なので見分けることができる。

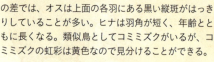

羽角は秋の換羽で長くなる

ブッポウソウ目カワセミ科
アカショウビン
赤翡翠 | Ruddy Kingfisher

大きな頭に大きなくちばしが目立つ

オレンジと赤と茶色を混ぜた様な独特の赤

鳴き声「キョロロ…」

野山にいる鳥

古くから雨を知らせる鳥として知られていた

アカショウビンのほか、日本でよく見られるカワセミ類というと、カワセミ、ヤマセミが代表的だが、アカショウビンだけが渡り鳥である。主に東南アジアから渡ってきて、日本全国に渡来し、繁殖する。繁殖期は梅雨時と重なり、特に雨が降りそうな時に鳴くため、雨乞い鳥や水乞い鳥などとも呼ばれている。成鳥は頭部から顎と下腹部は淡い橙褐色で喉が白っぽい。虹彩は暗褐色。くちばしと足は鮮やかな赤色をしている。繁殖期にオスは「キョロロ…」と尻すぼみに鳴く。「ケケケ…」と威嚇の鳴き声をすることも。メスは腹から下尾筒にかけてはオスよりも淡色だが、オスとメスを見分けるのは難しい。

生活
美しく鮮やかな赤いカワセミ
くちばしは大きく、鮮やかな赤い色をしている。このくちばしをつかって昆虫類やカニ、カタツムリ、カエル、魚類などを捕まえてくわえ、大きい獲物は枝や石にたたきつけて弱らせ、骨を砕いてから飲み込む。早朝や降雨時は明るいところにある枯れ木などに出てきて鳴くことがある。

DATA
- 大きさ　　全長27cm
- 生活型　　夏鳥
- 生息地　　平地から山地林の林、渓流、湖沼
- 時期　　　3月～10月
- 鳴き声　　「キョロロ…」と尻つぼみに鳴く。まれに短い声で「キョロロキョロキョロロ」と鳴き、威嚇する声は「ケケケ…」。

ブッポウソウ目ブッポウソウ科

ブッポウソウ

仏法僧 | Oriental Dollarbird

初列風切基部には白斑が入っている

くちばしと足が赤橙色

鳴き声 ゲェー

野山にいる鳥

金属光沢のある青色が印象的な鳥

夏鳥。南西諸島などでは旅鳥。九州、四国、本州などで局地的に観察できる。主に平地から低山の林、田園から渓流に隣接する林などで生活している。繁殖以外は単独で生息しており、地上に降りず、主に樹上にいて大型昆虫類などを捕食する。キツツキ類のあけた木の洞などを利用して営巣する。オスメス同色で、頭部が黒褐色、喉は群青色で、そのほかの部分は独特の金属光沢のある青色で、光の当たり具合では緑色にも見える。くちばしと足が赤く、初列風切基部には青味のある白い斑が入る。飛ぶとこの白斑が目立って見えるのが特徴のひとつ。尾羽は黒色。繁殖期に濁った声で「ゲェ ゲゲゲ」と鳴く。

DATA

- 大きさ　　全長30cm
- 生活型　　夏鳥
- 生息地　　森林
- 時期　　　5月〜10月
- 鳴き声　　「ゲッゲーゲゲゲ」の最初のゲェにアクセントを置き、濁った声で早口で鳴く。

解説

近年、数を減らしている野鳥のひとつ

美しい羽色から「森の宝石」と呼ばれているブッポウソウだが、近年、数を減らしており、環境省のレッドリストで絶滅危惧種に指定されている。平安時代、この鳥がブッポウソウと鳴くと間違えられたことからこの和名がついたが、ブッポウソウと鳴くのはコノハズク（P.89）だった。光るものを集めるという習性をもっている。空中ハンティングも得意。

キツツキ目キツツキ科

アリスイ

蟻吸 | Eurasian Wryneck

褐色の過眼線と目の上から淡色の側頭線が入る

鳴き声 / シュー

全体的に褐色だが下面は上面よりも淡色

頭を伸ばし、舌を出して蛇に擬態する

平地から低山の林、草地、農耕地、川原などに生息しており、繁殖期以外は一羽で過ごす。地上や朽木などに住むアリ類を好んで食べており、アリの出現に合わせて移動していると考えられている。アリを吸うのではなく、長い舌でアリを絡めとって食べる。この長い舌はギネスで「最も舌の長い鳥」として登録されている。アリを探して歩き、地面か地上近くの枝、岩の上などで観察できる。また、頸を曲げて後ろを振り向くような独特の仕草から、日本では不吉な鳥と称されていた時代もある。巣穴から外に出るときに危険を察知すると頸を伸ばし、長い舌を出して「シュー」と鳴き、ヘビに擬態する。オスメス同色で頭から背は灰褐色で黒白の複雑な小斑があり、翼は褐色。

野山にいる鳥

特徴

アリが大好きなキツツキの仲間

地上や朽木に住むアリを好み、長い舌で器用に食べる姿が観察できる。野鳥愛好家に人気の野鳥のひとつで、地味な羽色にヘビに擬態することや、頸を曲げて後ろを振り向くなどといった個性的なしぐさが好かれている。

DATA	
▶ 大きさ	全長18cm
▶ 生活型	北海道と東北地方北部では夏鳥、それ以南では旅鳥か冬鳥
▶ 生息地	平地から低山の林など
▶ 時期	1月〜12月
▶ 鳴き声	小さい音でドラミングもする。「シュー」と鳴き、大きな声で「クイクイクイクイ」とさえずる。

キツツキ目キツツキ科

オオアカゲラ

大赤啄木鳥 | White-backed Woodpecker

成鳥オスは頭頂が赤い

オス

類似鳥のアカゲラは背の黒い部分が広い

メスは頭頂が黒い

メス

腹は淡い紅色で黒い縦斑がある

\鳴き声/
キョッ

アカゲラよりひとまわり大きい

北海道から九州までの広葉樹林内に生息し、西日本では高い山地で観察できる。木から木へと木の幹を回りながら採食する。特に昆虫類を好むが秋には木の実も食べる。ケッと一声ずつ区切って鳴く声はアカゲラ（P.51）に似ているが、区別は難しい。ドラミングは大きな音で迫力がある。日本には4亜種（エゾオオアカゲラ、オオアカゲラ、ナミエオオアカゲラ、オーストンオオアカゲラ）がいるが、奄美大島に生息する亜種オーストンオオアカゲラ以外はそれぞれ微妙な差で識別は難しい。背は黒色で、腰は白色。翼の上面は黒と白。胸は白色で黒く細い縦斑がある。雨覆と風切には白斑があり、横斑のように見える。下腹は桃赤色。オスとメスの差は頭の赤色だけで、ほかはほぼ同じ。

DATA	
▶ 大きさ	全長28cm
▶ 生活型	留鳥
▶ 生息地	平地、山地の林
▶ 時期	1月〜12月
▶ 鳴き声	ドラミングの音はドロロロと大きく響く。

特徴

迫力のあるドラミング

アカゲラに比べてくちばしが長く、ドラミングの音はアカゲラよりも大きく迫力がある。アカゲラとの差はお腹の赤い部分で、オオアカゲラの方が赤い部分が淡く、縦斑がある。成鳥オスは頭頂が赤く、オスとメスの差はこの頭の色だけ。

野山にいる鳥

キツツキ目キツツキ科

クマゲラ

熊啄木鳥 | Black Woodpecker

鳴き声 キョーン

オス

メスは後頭部だけ赤い

メス

オスは額から頭部が赤い

ほぼ全体が黒く、下面がわずかに淡色

野山にいる鳥

赤い帽子の黒いキツツキ

クマゲラのクマとは大きいという意味で、ゲラはキツツキのこと。日本で生息しているキツツキの仲間の中でも最も大きいキツツキの仲間。全体が黒いので、英名もズバリblack（黒い）woodpecker（キツツキ）である。原生林や二次林などの深い森林に生息する。一羽かつがいで生活し、鋭い爪と硬い尾羽で体を支え、幹をつついたり樹皮をはがしたりして食べ物を探す。アリ類を好むほか、昆虫類の幼虫を採食する。大きめの木の幹の、地上から4～5mから10m程の高さの位置に、縦15cm、横10cm、深さ50cmほどの巣穴を掘る。この穴は縦に楕円形で、数年連続して使用する場合もある。虹彩は黄白色で、くちばしも黄白色で先端が黒い。

解説

アイヌでは神様として崇拝されていた鳥

クマゲラは、アイヌの間では「チプ・タ・チカップ」（丸木舟を彫る鳥）と呼ばれ、ヒグマの居場所を教えたり道案内をする神として崇められていた。飛ぶときはフワフワと波型に飛ぶ、波上飛行する鳥でもある。北海道と東北の一部にしか生息しておらず、1965年に天然記念物に指定された。クマゲラに類似する鳥はほかにいない。

DATA

- ▶ 大きさ　　全長46cm
- ▶ 生活型　　留鳥
- ▶ 生息地　　北海道と東北の平地から山地の深い森林
- ▶ 時期　　　1月～12月
- ▶ 鳴き声　　オスは飛び立つときに「キョーン」と鳴く。ドラミングのドロロロロは迫力がある。

ハヤブサ目ハヤブサ科
チゴハヤブサ
稚児隼 | Eurasian Hobby

顔に黒いひげ状の斑が入っている

オスメスともに下腹部が淡い橙色をしている

鳴き声
キィー
キィー

野山にいる鳥

ハヤブサより小さいハヤブサ

夏鳥で、中部地方以北で局地的に繁殖が記録されている。平地の草原や農耕地、林などで生息している。つがいで行動し、電柱や電線、スギの木の頂きなどで休息する。羽ばたきと滑翔を繰り返して直線的に飛び、主に鳥類やトンボ類やチョウ類を捕食している。停空飛行はしない。また、飛んでいる時の翼の先がハヤブサよりとがっている。メスがオスより大きく、色はほぼ同じ。成鳥は頭からの上面が青味のある黒褐色で顔には黒いひげ状の斑がある。喉から腹は白く、メスの胸には橙色味がある。胸から下には黒褐色の縦斑がはいっている。下腹部から下尾筒は淡い橙色で、赤褐色の脛羽をもっている。翼下面のタカ斑模様は下から見ると水玉模様に見える。

DATA
- 大きさ　　全長33cm
- 生活型　　夏鳥
- 生息地　　平地の草原、農耕地、林
- 時期　　　5月〜10月
- 鳴き声　　夏の繁殖期には甲高い声で「キィーキィー」と早口で鳴くことがある。警戒の声も似ている。

解説

ハヤブサよりも小さいのでチゴハヤブサ

チゴハヤブサのチゴは稚児と書き、ハヤブサより小さいハヤブサという意味でつけられた。飛ぶ姿を下から見ると、翼の形は尖った三日月形をしている。子育ては独特で、オスはヒナのために狩りをした後、獲物は巣で与えず、空中でメスに餌渡しをすることも多い。

スズメ目サンショウクイ科

サンショウクイ

山椒喰 | Ashy Minivet

- オスの上面は灰黒色となっている
- 長い尾羽のシルエットが特徴的
- 鳴き声 ピーリー

野山にいる鳥

最近、亜種が都内で観察された

亜種サンショウクイは夏鳥。四国と九州の一部で留鳥で、北海道を除く全国で観察できる。平地から低山の林などで生活している。木の梢付近を波状飛行で飛び回っている。昆虫類を空中採食するなど、ほとんど地上に降りない。成鳥オスは額と喉からの体下面が白い。過眼線と頭頂から後頭、風切と尾羽が黒く、背と雨覆は灰黒色。成鳥メスはオスより額の白い部分が狭く、上面が灰色。亜種のリュウキュウサンショウクイは、沖縄県や九州南部に留鳥として生息。亜種リュウキュウサンショウクイが、近年関東地方でも観察されて話題になった。亜種サンショウクイに比べるとオスもメスも体の羽色が濃いので見分けることができる。

解説

名前の由来は山椒を食べたから?

鳴き声が「ヒリリー」と聞こえることから、山椒を食べてピリリと辛いと鳴いているのだと考えられ、そのままサンショウクイという名前が付けられた。渡りの時期には大群が見られたが、近年、数を減らしている種のひとつ。普段食べているものは動物質のものだが、9月頃の渡りの時期には、イヌザンショウやミズキの実を食べる姿も観察されている。

DATA

- ▶ 大きさ　　全長20cm
- ▶ 生活型　　夏鳥、留鳥
- ▶ 生息地　　市街・住宅地、森林
- ▶ 時期　　　4月〜10月
- ▶ 鳴き声　　飛行中や高木の枝先にとまって鳴く姿が観察できる。地鳴きは小さな声で「ピーリー」。

スズメ目カササギヒタキ科
サンコウチョウ
三光鳥 | Japanese Paradise Flycatcher

アイリングとくちばしはコバルトブルー

鳴き声 / ギィー

成鳥メスの上面は茶褐色

メス

成鳥オスの中央尾羽は非常に長い

野山にいる鳥

不思議な鳴き声と印象的な長い尾羽

夏鳥で、平地から山地の林で生息しており、繁殖期以外は単独で生活している。主にスギやヒノキのまざる暗い林や広葉樹の高木林内を動き回る。枝に止まるときは体を垂直に近い状態にしている。成鳥オスは頭から頸、胸までと尾羽が紫黒色で中央尾羽が非常に長く、30cm以上の長さのものも。飛来時はすでに尾羽の長い状態だが、子育てが終わった後、秋の渡りの時には長い尾羽は換羽で抜け落ち、まだ短い間に渡って行く。上面は紫色味のある褐色で腹から下尾筒は白い。成鳥メスの頭部はオスと同じだが上面は全体が茶褐色。アイリングとくちばしはオスとメスともに青い。繁殖期のオスの鳴き声はこの鳥ならでは。また、亜種でリュウキュウサンコウチョウがいる。

DATA
▶ 大きさ　　全長45cm(オス) 18cm(メス)
▶ 生活型　　夏鳥
▶ 生息地　　平地から山地の林
▶ 時期　　　4月〜10月
▶ 鳴き声　　繁殖期の鳴き声の「ギィフィフィホイホイホイ」の「ホイ」の回数は個体によって様々。

解説

三光鳥（さんこうちょう）と鳴く鳥はほかにもいる

鳴き声が「月日星（つきひほし）」と聞こえるといわれ、月・日・星の3つの光から転じて三光鳥と名付けた。同じスズメ目のイカル(P.141)の鳴き声も同じように「月日星」と聞こえることから、地方によってはイカルのことを三光鳥と呼ぶ地域もあった。サンコウチョウはさえずる前やさえずりの間に「ギッ、ギッ」と濁った声で鳴くのが特徴的。

スズメ目カラス科

ホシガラス

| 星鴉・星鳥 | Spotted Nutcracker

淡い焦げ茶色に白い斑が入っている

雨覆と風切には紺色の光沢がある

鳴き声 ガーガー

星を散らしたような外観のカラスの仲間

留鳥または漂鳥で九州以北に生息している。亜高山帯から高山のハイマツ帯と針葉樹林帯で観察できる。繁殖期以外は単独または小群で生活するものが多い。地上を跳ね歩いたり歩き回ったりしながら、昆虫類や針葉樹の種子などを食べる。オスメス同色で雨覆や風切には光沢がある。全体が淡い焦茶色で白い斑が入る。この白斑は顔から胸がやや大きく、より白っぽく見える。頭は焦茶色で翼と尾羽は黒褐色。尾羽には緑色の光沢があり、羽先と外側尾羽の外弁と下尾筒は白い。くちばしと足は黒い。しわがれた大きな声で「ガーガーガー」と鳴く。

野山にいる鳥

特徴

種を植えて森をつくるカラスの仲間

大きなしわがれた声で鳴き、飛翔中も鳴く。屋外で観察すると、頭の焦げ茶色と羽の白い斑点が目立つ。針葉樹の種子が好物で、木々の種を貯食することから、森林再生に役立ち、スイスなど海外では「森をつくる鳥」として大切にされている。

DATA

▶ 大きさ　　全長35cm
▶ 生活型　　留鳥または漂鳥
▶ 生息地　　亜高山から高山の主に針葉樹林帯
▶ 時期　　　1月〜12月
▶ 鳴き声　　「ガーガー」と大きく鳴き、カケスによく似ていると言われている。猫のように「ミャー」と鳴くこともある。

スズメ目キクイタダキ科
キクイタダキ
菊戴 | Goldcrest

翼の白斑と黒斑が目立つ

オスは黄色い頭央線の中に赤い羽が隠れるように入っている

鳴き声 チィー

野山にいる鳥

頭に黄色い菊をつけている

繁殖期以外は小群で生活しているものが多い。針葉樹林の梢をせわしなく動き、昆虫類、クモ類などを採食している。ヒガラの群れに混じっていることもある。オスとメスはほぼ同色で、頭中央が線状に黄色く、その両側は黒い。オスはこの黄色の部分に隠されているように赤い頭央線があるが、普段はめったに見られない。次列風切と三列風切の羽先が白い。頭部以外の上面は全体にオリーブ色。目の回りは白っぽく、くちばしと足は黒褐色。くちばしは小さくて細い。ホバリングしながら枝先の虫を捕食することもある。マツやヒノキなどの針葉樹林で生息するため、日本では「松毟鳥（まつむしり）」、「まつくぐり」とも呼ばれていた。

DATA
- 大きさ　全長10cm
- 生活型　留鳥または漂鳥
- 生息地　山地から高山の針葉樹林
- 時期　1月〜12月
- 鳴き声　地鳴きは「チィー」で、ヒガラやキバシリの声にとてもよく似ている細く高い声。

解説

日本で最も小さな種類のひとつ

西洋の伝説や民間伝承の中ではキクイタダキは「鳥の王」と呼ばれて親しまれている。学名の属名および種小名のRegulusはラテン語で小さな王という意味。ミソサザイ（P.115）と並んで日本でも最も小さな種類のひとつ。

スズメ目シジュウカラ科

ヤマガラ

山雀 | Varied Tit

- 頭頂から後頭に淡黄色の線がある
- 背と胸からの体下面はレンガ色
- 鳴き声 ツゥーツゥー

野山にいる鳥

外国人バーダーに大人気の野鳥

留鳥または漂鳥で平地から山地の林で観察できる。朝鮮半島と日本が主な生息地。繁殖期以外は小群で生活し、シジュウカラなどの群れに混じっていることも。一年中、同じつがいで同じ場所に生活する個体もいる。木の枝から枝へと飛び移って枝をつついて昆虫類を採食したり、木の実を採食して貯食もしたりする。特にエゴノキを好む。オスメス同色で成鳥は頭頂から後頸が淡黄色の線状になっており、額から顔も淡黄色。頭頂から頸側までと喉は黒い。胸に逆三角形の淡黄色部分がある。背と腹はレンガ色で翼は暗青灰色となっている。繁殖期となる4月〜7月頃にはキツツキの古巣などの穴で営巣し、コケや草を組み合わせ、獣毛などを敷いた皿状の巣に卵を産む。

解説

縁日で大活躍したヤマガラのおみくじ

人によく慣れ、賢い鳥として古くから愛されていた。学習能力が高く、平安時代や鎌倉時代にはカルタ取りなど様々な芸を仕込んでいた。江戸時代から昭和後期までは、ヤマガラにおみくじ引きさせていた記録が残っている。繁殖期にオスはシジュウカラ（P.20〜21）よりゆっくりしたテンポでさえずる。日本では8亜種がいる。

DATA

- ▶ 大きさ　　全長14cm
- ▶ 生活型　　留鳥または漂鳥
- ▶ 生息地　　平地から山地の林
- ▶ 時期　　　1月〜12月
- ▶ 鳴き声　　地鳴きは「ツゥーツゥー」や「ニーニー」と鳴く。

スズメ目シジュウカラ科

ヒガラ

日雀 | Coal Tit

頭に黒く短い冠羽がある

翼帯が2本の白線に見える

喉の黒色部分が、シジュウカラより大きい三角形をしている

\鳴き声/
チー

野山にいる鳥

冠羽と翼帯で見分けることができる

留鳥または漂鳥で、平地から山地の針葉樹林を好み、越冬時期には広葉樹林帯でも生息している。繁殖期以外は小さな群れで生活しており、キクイタダキやコガラなどと群れになっていることもある。樹木の枝先で行動することが多い。雑食で昆虫類からクモ類、草木の種なども食べる。繁殖期には縄張りをもち、オスは高木の梢に止まって「ツピチ ツピチ ツピチ…」「チョピ チョピ チョピ…」などと早口でさえずる。オスメス同色で成鳥は頭が黒く短い冠羽があり、頬と後頭は白い。大・中雨覆と三列風切の一部の羽先が白いので、2本の白線のように見えるのがほかのカラ類と見分けるポイント。

DATA

▶ 大きさ	全長11cm
▶ 生活型	留鳥または漂鳥
▶ 生息地	針葉樹のある林
▶ 時期	1月〜12月
▶ 鳴き声	地鳴きは「チー」あるいは「ツチリリ」と聞こえる。さえずるときは高木の梢にいることが多い。

聞き分け方

ヒガラの鳴き声はシジュウカラより早口

喉の黒色部分が大きく三角形に見える点が、ヒガラとシジュウカラ（P.20〜21）の識別ポイント。また、顔を正面から見るとヒガラは黒くて短い冠羽があるため、頭がとがって見える。さらに翼には白色の2本の翼帯が入る。鳴き声にも識別ポイントがある。シジュウカラはさえずりが「ツピチ ツピチ ツピチ…」とゆっくりだが、ヒガラは早口で「ツピィツピィツピィ…」と連続して鳴く。

スズメ目ムシクイ科

メボソムシクイ

目細虫喰 | Japanese Leaf Warbler

頭からの上面が緑色がかった灰褐色

体下面は汚白色となっている

\ 鳴き声 /
ビィ

野山にいる鳥

オオムシクイと似ていて見分けが難しい鳥

夏鳥で九州、四国、本州の亜高山帯から高山など。繁殖は針葉樹林や針広混合林で行う。渡りの時期はセンダイムシクイなどに比べると遅く、渡去も遅くなっている。繁殖しているムシクイの仲間の中では渡りの途中で観察することは少ない。繁殖期以外は単独か小群で林内を活発に動き回りながら昆虫類やクモ類を採食している。繁殖地では縄張りをもち、その中を動き回ってさえずる。コムシクイ、オオムシクイ、メボソムシクイは識別がたいへん難しく、さえずりなどの鳴き声以外での識別は困難。オスメス同色で成鳥は頭からの上面は緑色がかった灰褐色。

聞き分け方

リズミカルな鳴き声が特徴のひとつ

メボソムシクイは、リズミカルに「チョリチョリ チョリチョリ…」と歌い、その前後に「ジュウ」という地鳴きを挟むのが特徴。コムシクイ、オオムシクイとの聞き分け方はこの鳴き声がポイントとなる。コムシクイは「ピッ」「ジュイー」などと鳴き、「ジョジョ…」と早口で鳴くことが多い。オオムシクイは、「ジジロジジロ…」などと3節で鳴くので、聞き分けられるが、姿形で見分けるのは非常に難しい。

DATA

- **大きさ**　全長13cm
- **生活型**　夏鳥
- **生息地**　九州、四国、本州の山地から高地の針葉樹林
- **時期**　4月～10月
- **鳴き声**　リズミカルに鳴くが、その前後に「ジュウ」という地鳴きが入る。
- **聞きなし**　「銭とり銭とり」

スズメ目ムシクイ科

エゾムシクイ

蝦夷虫喰 | Sakhalin Leaf Warbler

眉斑は目より後方が太くなる

背中が灰褐色気味になっている

\鳴き声/
ピッ

野山にいる鳥

背の色が灰褐色気味になっている

主に中部地方以北の山地に生息。平地から山地の林、繁殖期には主に針葉樹林に生息している。繁殖期以外は一羽でいることが多く、ほかのムシクイ類よりは暗いところを好む傾向がある。林内部の高い枝上を動き回って昆虫などを採食する。繁殖期は縄張りをもち、オスは「ヒーツーチー」とさえずり、地鳴きは鋭く「ピッ」と鳴くのでほかのムシクイ類と区別できる。オスメス同色で成鳥は頭からの上面が、多少緑色がかった暗褐色で眉斑は細い。目より後方はやや太くなり、メボソムシクイ（P.105）のように細くならないので区別ができる。ほかのムシクイ類とは背に灰褐色味があることで識別する。

DATA	
▶ 大きさ	全長12cm
▶ 生活型	夏鳥
▶ 生息地	平地から山地の林
▶ 時期	4月〜10月
▶ 鳴き声	地鳴きは鋭く「ピッ」と鳴くのでほかのムシクイ類と区別できる。
▶ 聞きなし	「月日(ひーつきー)」

採食

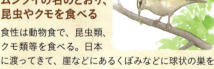

ムシクイの名のとおり、昆虫やクモを食べる

食性は動物食で、昆虫類、クモ類等を食べる。日本に渡ってきて、崖などにあるくぼみなどに球状の巣を作って卵を産んで繁殖する。繁殖地では、林内の高い枝上を動き回って昆虫などを採食する姿が観察できる。

スズメ目ムシクイ科

センダイムシクイ

仙台虫喰 | Eastern Crowned Leaf Warbler

目立つ頭央線をもっている個体もある

鳴き声
フィッ

腹部中央から下尾筒にかけては黄色味がある

野山にいる鳥

国内で繁殖する頭央線をもっている唯一のムシクイ類

九州以北で夏鳥。平地から山地までの林で生息している。渡り時期には市街地でも観察できる。繁殖地では縄張りをもち、林の中や灌木の枝上で活発に動き回る姿を見ることができる。ムシクイの名の通り、昆虫類やクモ類を採食する。オスメス同色で頭からの上面は緑色味が強いオリーブ色で、黄色味のある頭央線がある。この頭央線は長いものと頭頂より後頭だけにあるものと様々で、個体変異がある。腹部中央から下尾筒にかけては黄色味がある。ムシクイの仲間は見分けがつきにくいが、日本にいるムシクイ類のなかでは一番明るい色の羽衣をもっているのが特徴のひとつ。独特の鳴き声で「チヨチヨビー」「チヨチヨ」とさえずる。

聞き分け方

チヨという声を千代と聞きなす風流

「チヨ」という鳴き声を千代とかけた聞きなし「ツルチヨギミ(鶴千代君)」が有名。これは、伊達騒動を題材とした人形浄瑠璃および歌舞伎の演目「伽羅先代萩(めいぼくせんだいはぎ)」に登場する幼い君主鶴千代君のことで、この鶴千代君にちなんで、センダイムシクイと名がつけられた。ほかにも「焼酎一杯グイーッ」という聞きなしもある。

DATA

▶ 大きさ	全長13cm
▶ 生活型	夏鳥
▶ 生息地	森林
▶ 時期	4月〜10月
▶ 鳴き声	「チヨチヨビー」「チヨチヨチョ」というさえずりは、センダイムシクイだけの特徴の一つ。

スズメ目センニュウ科

シマセンニュウ

島仙入 | Middendorff's Grasshopper Warbler

- 上嘴（じょうし）の上面が黒褐色
- 眉斑が白っぽくなっている
- 鳴き声 / チュッ

野山にいる鳥

北海道にいるセンニュウの仲間

北海道で繁殖し、それより南では旅鳥。海岸線の草原や牧草地、湿地などで生息している。昆虫類やクモ類を食べるため、草むらの中を動き回っている姿が観察できる。さえずるときは明るい場所に出てくるが、それ以外はほとんど暗い場所にいることが多い。オスメス同色で上面は緑色がかった淡い褐色で模様がない。尾羽の先端がわずかに白い。北海道にも多いコヨシキリ（P.111）とよく似ているが、シマセンニュウの方が明らかに大きく、コヨシキリの眉斑の上には黒線がある。シマセンニュウは繁殖期には高所や空中に舞い上がり、ディスプレイ飛行をしながらもさえずる。

DATA

- ▶ 大きさ　全長16cm
- ▶ 生活型　夏鳥
- ▶ 生息地　草原や湿地
- ▶ 時期　　5月〜10月
- ▶ 鳴き声　「チョイチョイ…」と鳴きながら、数メートル短時間上空にあがって降りるディスプレイ飛行をする。

観察

世界中にいるセンニュウの仲間

日本国内で観察できるセンニュウは、夏鳥としてエゾセンニュウ、シマセンニュウ、マキノセンニュウ、ウチヤマセンニュウがいる。まれにシベリアセンニュウも観察できる。シベリアセンニュウは、与那国島では毎年越冬が確認されている。センニュウの仲間はヨーロッパにも数種類いるが、どれも目立たない、地味な色合いをしている。

スズメ目センニュウ科

ウチヤマセンニュウ

内山仙入　Styan's Grasshopper Warbler

- くちばしが長く前に伸びている
- 鳴き声「チュッ」
- シマセンニュウより汚白色で黄色味がある
- 尾羽先端の白色がシマセンニュウよりも少ない

野山にいる鳥

独立種と分類され、特定の島で繁殖する鳥

シマセンニュウ（P.108）の別亜種とされていたが、独立種と分類され、和名がウチヤマセンニュウとつけられた。伊豆諸島と和歌山県、三重県、福岡県、鹿児島県などの島々に繁殖し、海岸近くの草地や笹藪、林などに生息する。さえずるとき以外は藪の中にいることが多い。草地や薄暗い林の中でオスは「チッチ チョイ チョイ チョイ」と鳴く。シマセンニュウに似ているがそれより1～2音短い。さえずりの前後に小さな声で「チュユユユ」と鳴くことがある。地鳴きは「チッ」。オスメス同色でシマセンニュウにとてもよく似ているが、ウチヤマセンニュウの方がくちばしが太長い点が異なる。越冬地はわかっていない。

見分け方

シマセンニュウに似ている謎の多い鳥

鳴き方は若干異なるものの、体形、羽色ともにシマセンニュウにとてもよく似ている。シマセンニュウよりも、ウチヤマセンニュウの方が汚白色で、より黄色味のある色をしていて、くちばしは太めで、足も多少長めだという程度の違いしか観察できない。しかも、謎の多い鳥で、伊豆諸島などの特定の島で過ごした後、どこで越冬しているか、現在もわかっていない。

DATA

▶ 大きさ	全長16cm
▶ 生活型	夏鳥
▶ 生息地	特定の地域の海岸近くの草地、林など
▶ 時期	4月～10月
▶ 鳴き声	さえずりの前後に小さな声で「チュユユユ」と鳴くことがある。地鳴きは「チッ」。

スズメ目センニュウ科

エゾセンニュウ

蝦夷仙入 | Gray's Grasshopper Warbler

汚白色の眉斑がある

頭からの上面が黄緑色がかった暗褐色

＼鳴き声／
グッ

野山にいる鳥

北海道でしか観察できない
センニュウの仲間

平地から山地のササ類や低層木の多い疎林、灌木の散在するよく茂った草地や原野などで生息する。日本では北海道だけで繁殖する種で、繁殖地には夏鳥の中でもっとも遅く飛来する性質がある。頭からの上部は黄緑色かかった暗褐色。眉斑と頬は汚白色。喉は白っぽく、体下面は汚白色で頸側から胸が灰褐色。脇腹から下尾筒は淡褐色。茂みの中を音もなく歩き回り、昆虫類などを採食する。常に暗いところを好んで生活するため、なかなか観察できないが、繁殖期の夕方から夜間、朝方にかけてオスが草藪の中で「チョピンチョペッチョピ」と大きな声でさえずる声が聞こえる。

DATA
- 大きさ　全長18cm
- 生活型　夏鳥
- 生息地　平地から山地の疎林など
- 時期　　5月〜10月
- 鳴き声　ホトトギスのさえずりのリズムに似ているが、鳴き出し声の「チョッピッ」がつっかえた感じになる。

すみか

暗い所が好きな
大きなセンニュウ

センニュウの中では最も全長が大きく、ササ類や低層木の多い疎林や、灌木の散在するよく生い茂った草地や原野で観察できる。暗いところを好んで、茂みの中で音もなく歩き回る。生態には不明な点も多く、数も年々減っている。

スズメ目ヨシキリ科

コヨシキリ

小葦切 | Black-browed Reed Warbler

- 白っぽい眉斑の上に頭側線が入っている
- 過眼線ははっきりしたものとそうでない個体がいる
- 口の中が黄色なのがコヨシキリで、赤いのがオオヨシキリ

鳴き声　ジッジ

野山にいる鳥

正面顔はきりりと凛々しい

九州以北で夏鳥だが、南西諸島では旅鳥。平地から山地の主にヨモギのある草原、湿原、川原などで生息している。本州では夏鳥の中で最も渡来が遅く、さえずるとき以外は草の中に隠れていて見つけるのは難しい。繁殖期のオスは背の高い草の先に止まっていろいろな声を組み合わせながらにぎやかに鳴く。主に日中にさえずることが多いが、夜間でも鳴くことがある。オスメス同色で成鳥は頭からの上面が灰褐色で汚白色の眉斑と黒褐色の頭側線がある。横から見るとこの白と黒はあまり目立たない個体もいるが、正面を見ると眉毛がつり上がっているように見える。通常、短歌などでヨシキリというと、オオヨシキリ（P.204）のことを指すことが多い。

見分け方

オオヨシキリ

オオヨシキリとコヨシキリの違いは口腔内

オオヨシキリとコヨシキリは外見上とてもよく似ているが、コヨシキリの口の中は黄色く、オオヨシキリは赤いので区別できる。また、鳴き声も異なり、オオヨシキリは鳴くときに頭の羽毛が立っているようにも見える。

DATA

- ▶ 大きさ　　全長14cm
- ▶ 生活型　　夏鳥
- ▶ 生息地　　平地から山地の草原、湿原、川原
- ▶ 時期　　　5月〜10月
- ▶ 鳴き声　　濁った小声を出す。「ジュッピ ギョギョ ピイリチリリ チュピ」などと早口で長くさえずる。オオヨシキリに似て高く細い。

スズメ目セッカ科

セッカ

雪加 | Zitting Cisticola

くちばしは黒褐色で、下嘴は肉色味がある

尾羽は凸型をしていて、先端の白い部分が目立つ

鳴き声 チュッ

野山にいる鳥

成鳥オスの口の中は黒く見える

関東地方以南で見られる留鳥または漂鳥で、東北地方や日本海側の積雪地域ではまれにしか観察できない。チガヤがある場所を好んで生息している。繁殖期はつがいか地域によっては一夫多妻。非繁殖期は草むらやアシ原の中に隠れている。オスメス同色で成鳥夏羽は頭からの上面が黄褐色で黒い縦斑がある。背と肩羽、雨覆に黒褐色の縦斑が入る。眉斑と頬は淡色で喉は白っぽく、脇腹は褐色味が強くなっている。くちばしは黒っぽく、下嘴は肉色味がある。また、オスの口の中は黒く、メスでは肉色をしている。冬羽になると腹が黄色味がかって見える。幼鳥は喉からの体下面が淡黄色味がかっていて、尾羽先端の白色部分が成鳥より広い。

DATA

- 大きさ　　全長13cm
- 生活型　　留鳥または漂鳥
- 生息地　　川原、農耕地
- 時期　　　1月〜12月
- 鳴き声　　地鳴きは「チュッ」。さえずりは飛行しながら行い「ヒッヒッ…」と上昇し、下降時に「チャッチャッ」と続ける。

解説

雪に見えるチガヤをくわえるからセッカ

巣材のチガヤの白い穂が雪のように見え、それを口にくわえて飛ぶ姿から雪加と名付けられたという説がある。オスは、クモの糸を使ってチガヤなどのイネ科の草などを編み込んで巣を作る。背の高い2本の草に足を左右に開いて止まる姿がよく観察される。冬期は地上近くでの行動が多くなるので、目につきにくくなるが、暖かい日にはアシの穂先などに出ることもある。

ゴジュウカラ

スズメ目ゴジュウカラ科

五十雀 | Eurasian nuthatch

鳴き声 チィー

黒い過眼線が後頭までくっきり

頭からの上面が暗青灰色になっている

野山にいる鳥

類似する鳥がいないので見分けやすい

平地から山地の落葉広葉樹林で観察できる。一羽かつがいで行動し、冬はシジュウカラ（P.20〜21）の群れに加わることも。木の幹で頭を下にして逆さに止まり、上から幹を回りながら降り、昆虫類やクモ類を採食する。オスとメスはほぼ同色だが、オスはメスより脇腹と下尾筒の色が濃い。オスもメスも成鳥は頭からの上面が暗青灰色で、黒い過眼線が入り、眉斑が白い。顔と喉から腹まで白く、脇腹は淡い橙色で下尾筒は茶色っぽい。日本のゴジュウカラは3亜種にわかれ、亜種ゴジュウカラ、亜種シロハラゴジュウカラ、亜種キュウシュウゴジュウカラがいる。ほかに似ている鳥はいないので、見分けやすい種類のひとつ。

特徴

逆さ向きで木に止まる鳥

木に対して垂直に止まることができるのが、この鳥の特徴。頭を下に向けて逆さに止まり、その状態から木の幹をぐるっと回りながら降りる。営巣するときは、自分で木に穴を開けられないので、樹洞やキツツキ類などが空けた穴を、入り口を狭めて使う。そのために、木に穴を開けたクマゲラ（P.97）を追い払って穴を奪うこともある。

DATA

- ▶ 大きさ　　全長14cm
- ▶ 生活型　　留鳥
- ▶ 生息地　　平地から山地にかけての落葉広葉樹林
- ▶ 時期　　　1月〜12月
- ▶ 鳴き声　　繁殖期のオスはゆっくり「フィフィフィ…」あるいは、早いテンポで「ピピピピ」と大きな声で鳴く。

スズメ目キバシリ科

キバシリ

木走 | Eurasian Treecreeper

細長く、下に湾曲しているくちばし

鳴き声 ツリリリ

中央尾羽は体を支えるために硬くなっている

野山にいる鳥

木の幹を走るけれど
キツツキではない

平地から山地の林に生息し、繁殖期以外は1、2羽で生活している。木の幹の根元から、幹に尾羽をつけて体を支え、這うような姿勢で、木の幹をらせん状に登りながら昆虫やクモ類を採食する。オスメス同色で成鳥は頭から上面が褐色で灰色の縦斑がある。雨覆と風切は黒褐色と淡色の斑模様で、木の幹と同じような模様で見分けにくく観察しにくい。警戒するとじっと木の幹に張り付いて動かなくなる。ただし、木と木を飛び移る際に鳴くので、鳴き声に耳を澄ませれば居場所を特定することも可能。足は肉色をしている。中央尾羽は褐色で、羽軸が硬いので体を支えるために役立っている。くちばしは細長く、下に湾曲している。

DATA

▶ 大きさ　　全長14cm
▶ 生活型　　留鳥
▶ 生息地　　平地から山地の林
▶ 時期　　　1月〜12月
▶ 鳴き声　　大きな声で次第に早口に「ツチ　チチチリリ……チチ」とさえずり、地鳴きは、か細く澄んだ声で「ツリリリ」。

聞き分け方

観察しにくいけれど
声で居場所を特定

木の幹に似た模様で大変見分けにくく、観察しにくいが、木と木を飛び移る際に「ズィー」と鳴くので、鳴き声に耳を澄ませれば居場所を特定することも可能。声はミソサザイ（P.115）のさえずりを短くしたように聞こえるが声に張りがない。類似する鳥がいないので見分けやすい。

スズメ目ミソサザイ科

ミソサザイ

鷦鷯 | Eurasian Wren

\鳴き声/
チャッ
チャッ…

茶褐色で各羽には黒褐色の横斑がある

風切には白い斑が入っている

野山にいる鳥

小さな体だが大きな声でさえずる

留鳥または漂鳥。平地から山地の林で、渓流や沢沿いに多く、繁殖期以外は単独またはつがいで生活している。土手や倒木のすき間や地上を跳ね歩きながら昆虫類やクモ類を食べている。開けた明るいところにはほとんど出てくることはない。歩き回るときは尾羽をたてて腰を左右に振りながら歩く。オスメス同色で全身は茶褐色で黒褐色の横斑が入っている。体下面には黒と汚白色の細かい波状斑が入っている。また、風切には白い斑が点々と入っていて、下尾筒には白い横斑がある。さえずるときは尾羽を高く上げる。日本国内では5亜種が記録されているが、各亜種間の羽色、形態、大きさの差異は少ない。全長わずか11cmと国内では最も小さい鳥のひとつ。

生活

オスはいくつもの巣を作る

ミソサザイは一夫多妻。巣作りは分担制で、オスが外装、メスが内装を担当する。オスは崖の下や倒木の下などにいくつかの巣の外装だけを作り、メスが巣を気に入って内装を作り、産卵するのを待つ。メスが産卵を終えると、再び巣を作り、ほかのメスを呼び込んで、産卵させる。オスはこの行動を繰り返し、繁殖する。多い物では4〜5個の巣を作る。

DATA

- ▶ 大きさ　　全長11cm
- ▶ 生活型　　留鳥または漂鳥
- ▶ 生息地　　平地から山地の林
- ▶ 時期　　　1月〜12月
- ▶ 鳴き声　　早口で「ピピピ チュィ チュィ チリリツィツィ…」といろいろな声を組み合わせてさえずる。

`スズメ目ムクドリ科`

コムクドリ

小椋鳥 | Chestnut-cheeked Starling

オス
成鳥オスの顔の茶色の斑の入り方は個体変異がある

コムクドリはくちばしと足が黒色。ムクドリは橙色で見分けがつく

＼鳴き声／
キュル

メス
成鳥メスは頭からの上面が灰褐色となる

野山にいる鳥

ムクドリの群れに混じっていることも

平地から山地の林の、主に樹上で生活している。繁殖期以外は群れで行動し、ムクドリ（P.32〜33）が地上で採食するのに対して、コムクドリは枝移りしながら昆虫類や木の実などを採食している。ムクドリの群れのなかに混じっている姿を見かけることもある。オスの頬には茶色の斑が入り、これは個体によって大きさや形が異なる。成鳥オスは背と肩羽が黒く、紫色の光沢がある。雨覆と風切、尾羽は黒く、緑色や紺色の光沢があるが、光線の具合で黒く見える場合もある。地鳴きは「キュル」「ギュッ」。繁殖期には早口で「ピキュキュ キュ キュ キュルル キュルル ピキュ ピー」と鳴く。幼鳥のくちばしの色は成鳥より淡くなっている。

DATA
- 大きさ　　全長19cm
- 生活型　　夏鳥
- 生息地　　平地から山地の林
- 時期　　　4月〜10月
- 鳴き声　　地鳴きは「キュル」、「ギュル」など。明るい声と濁った声を混ぜながら早口でさえずる。

見分け方

ムクドリとコムクドリの違いはたくさん

ムクドリとコムクドリは頭部の違いが顕著。ムクドリの頭部が黒いのに対し、コムクドリの頭部はクリーム色。ムクドリは足とくちばしが橙色だが、コムクドリは黒色で見分けられる。また、身体の大きさもムクドリに比べるとコムクドリはひとまわり小さい。そして、コムクドリは渡りをする夏鳥である。鳴き声もムクドリに比べると澄んだ声で鳴くので区別できる。

スズメ目カワガラス科

カワガラス

河烏 | Brown Dipper

パチパチ瞬きすると
まぶたが白くて目立つ

全身がチョコレート色
をしている（ウロコ模
様なら幼鳥）

\ 鳴き声 /
ビッビッ

野山にいる鳥

河川で見かける濃い茶色の鳥

繁殖期以外は一羽で行動し、一定の範囲内を移動しながら水中を潜ったり水底を歩いたりして水生昆虫や小魚を採食する。休息する時は流木や石の上で休む。よく、尾羽を上下に振ったり、翼をパッパッと半開きにしたりする。この時、瞬きをするが、白いまぶたがよく目立つ。オスメス同色で成鳥はほぼ体全体が濃い茶色で、風切と尾羽は黒褐色だが、光の当たり具合で黒く見えることもある。くちばしは黒く、足は濃い鉛色。名前にカラスと入っているが、カラス科ではなくカワガラス科。短めの尾羽を立てた独特の姿勢をとることでも知られている。沖縄を除く日本全国、ほぼ一年中、観察することができる。

特徴

渓流の素潜り名人と呼ばれる

渓流の比較的高いところでさえずる姿を観察することができる。カラスのシルエットとは違って、ちょっとずんぐりむっくりしたシルエットで、茶色いチョコレート色をした鳥がいたらカワガラスかもしれない。色は、光の具合によっては黒っぽいカラス色に見えることもある。素潜りが上手で、渓流の素潜り名人という別名もある。

DATA

- ▶ 大きさ　　全長22cm
- ▶ 生活型　　留鳥
- ▶ 生息地　　上流から中流の河川、山間部の渓流、沢など
- ▶ 時期　　　1月〜12月
- ▶ 鳴き声　　「ビッビッ」と鳴きながら川筋を飛ぶ。

スズメ目ヒタキ科

マミジロ

眉白 | Siberian Thrush

オス
オスの太くて白い眉斑はよく目立つ

くちばしは黒い。クロツグミは黄色

メスの腹部はウロコ模様をしている

メス

鳴き声 クックッ

野山にいる鳥

黒いボディと白い眉のツグミの仲間

夏鳥で、中部地方以北で局地的に観察できる。低山帯から亜高山帯の林で生息し、繁殖期以外は単独で地上を跳ね歩きながらミミズ類や昆虫類などの幼虫を捕食している。秋の渡りの時期には木の実なども食べるが、ほかの大型ツグミ類に比べると少ない。繁殖も林内で行い、ときどき山道に出てくることもある。成鳥オスは全体的に黒っぽく、太く白い眉斑がある。下尾筒の羽先も白い。体下面の羽先は淡色で、くちばしは黒く、足は黄褐色。成鳥メスは頭からの上面がオリーブ褐色で眉斑、耳羽、喉は黄白色。体下面は白っぽく淡褐色のウロコ模様が入っている。オスもメスも飛ぶと翼下面に白く目立つ翼帯がある。

DATA	
▶ 大きさ	全長23cm
▶ 生活型	夏鳥
▶ 生息地	低山帯から亜高山帯にかけての林
▶ 時期	4月〜10月
▶ 鳴き声	地鳴きは「キョ キョ キョ」や「クッ クッ」。また、小さい声で「チュリリリ」とだけ鳴くこともある。

見分け方

クロツグミに似ているがくちばしが黒い

マミジロは、暗い林ではクロツグミ（P.120）と間違えそうになることがある。クロツグミは黄色いくちばしをしており、マミジロは黒いくちばしをしているので見分けられる。また、クロツグミのメスは顔にマミジロのオスのような太くて白い眉斑といった目立つ模様が無く、脇腹に橙色味が入っている。また、マミジロにはオスもメスも翼下面に白い翼帯がある。

スズメ目ヒタキ科

トラグミ

虎鶫 | Scaly Thrush

くちばしは黒く、下嘴は淡色

黒い羽縁がウロコ模様になって見える

\ 鳴き声 /
シーッ

夕暮れに不気味な声で鳴く鳥

漂鳥または留鳥。平地から山地の林で観察できる。繁殖期以外は単独で生活し、地上を歩きながらミミズ類や昆虫の幼虫を捕食する。オスメス同色で頭からの上面は黄褐色で各羽の羽縁は黒く、腹部はウロコ模様になっている。鳴き声は「ヒィーイ」と鳴き、さえずりは「ヒィー ヒョー」。亜種トラツグミ以外に、奄美大島と加計呂麻島に亜種オオトラツグミがいる。亜種コトラツグミが西表島に留鳥として生息すると言われているが、近年では確実な記録がない。平家物語で、源頼政が弓矢で射落とした、あやしき物は「頭は猿、胴体は狸、尾は蛇、手足は虎で、鳴き声はヌエに似ている」とある。ヌエとは、トラツグミの古名である。

野山にいる鳥

解説

トラ模様をした野鳥

黄褐色の上面に黒い羽縁がトラの模様に似ていることが名前の由来だといわれる。トラツグミは平地から山地の林に生息し、暗い林や薮の地上を歩き、昆虫類の幼虫やミミズ類、陸生貝類などを採食する。素早く足踏みのような動作をして、足元から食べ物を探し出す。繁殖期は主にミミズ類を食べ、越冬中はミミズ類のほかにアブの幼虫や木の実なども食べる。

DATA

- ▶ 大きさ　　全長30cm
- ▶ 生活型　　漂鳥または留鳥
- ▶ 生息地　　平地から山地の林
- ▶ 時期　　　1月〜12月
- ▶ 鳴き声　　繁殖期、「ヒィーヒョー」のほかに、「シーッ」という声で5〜10秒間隔でくり返しさえずる。

スズメ目ヒタキ科

クロツグミ

黒鶫 | Japanese Thrush

オス

鳴き声 ツィー

上面は淡い黒褐色

メス

目の周りにアイリングがある(メスはオスほど目立たない)

胸下部と脇腹に黒斑がある

野山にいる鳥

腹に黒斑が入っているツグミの仲間

平地から山地の比較的明るい林で観察できる。繁殖期以外は一羽でいることが多い。秋に渡る際には小群となる。地上を数歩跳ね歩いては立ち止まって、胸を張るような動作を繰り返しながら、地面をくちばしで掘って採食する姿を見ることができる。成鳥オスは頭から胸と上面が黒色。腹から下尾筒までが白い。胸下部と脇腹に黒斑があるのが特徴。メスは上面が淡黒褐色で下雨覆は橙色。喉から下尾筒までは白く黒色の斑があり、胸から脇腹には橙色味がある。かなり大きな声で鳴く声が聞こえることがあり、特徴的な歌声にはファンが多い。ツグミの仲間の中では最も小さいサイズとなっている。成鳥オスは背や翼などが黒いタイプと灰色のタイプがいる。

DATA

- 大きさ　　全長22cm
- 生活型　　夏鳥
- 生息地　　平地から山地の比較的明るい林
- 時期　　　3月〜10月
- 鳴き声　　年間を通して「ツィー」または「キョキョ」と大きい声で鳴く。

鳴き声

夏鳥の仲間の中でも群を抜く美しい声

鳴き声が美しく特徴的であることから、「日本の夏鳥で最も魅力的な声でさえずる鳥」と称されることもある。繁殖期になると木の高いところで歌う。そのレパートリーは多く、ほかの鳥の鳴き声を真似て自分のさえずりに織り込んで歌うことも。

スズメ目ヒタキ科

アカハラ

赤腹 | Brown-headed Thrush

\鳴き声/
ツイー

成鳥オスは頭部と上面が暗オリーブ褐色

胸から脇腹にかけては橙色。ツグミの胸は白地に黒っぽい幅広の羽縁が目立つので見分けがつく

歩き方がちょっと独特なツグミの仲間

平地から山地の比較的明るい林や針葉樹の中高木植林地などで見かける鳥。秋の渡り時期には小群となる。地上を数歩跳ねて歩いては立ち止まるという、ツグミ（P.67）によく似た歩き方がユニーク。独特の歩き方をしながら地面に落ちた葉をかき分けたり、土を掘って昆虫の幼虫やミミズなどを採食したりする姿が観察できる。生息地域によって鳴き方に方言があるのもこの鳥ならでは。地鳴きは「ツイー」。オスとメスはほぼ同色で成鳥オスは頭部と上面が深いオリーブ褐色。顔と喉が黒っぽい。胸から脇腹は橙色で腹中央から下尾筒は白い。成鳥メスもほぼ同色だが、個体によっては全体に淡色で喉が白い。

野山にいる鳥

見分け方

トコトコ歩いてスタッと立ち止まる

地上を数歩跳ねて歩いてスタッと立ち止まるのはツグミの仲間特有。ツグミとの違いは、アカハラの名前の通り、胸から脇腹にかけての橙色。オスとメスの区別は難しいが、メスはやや淡色をしている。さらに幼鳥は、大雨覆に斑点が入っている。

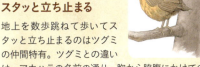

DATA

▶ 大きさ	全長24cm
▶ 生活型	夏鳥（一部留鳥）または冬鳥
▶ 生息地	平地、山地の林
▶ 時期	1月〜12月
▶ 鳴き声	ベースとなる鳴き声は全国共通だが、住んでいる地域で方言をもつこともある。

スズメ目ヒタキ科

コマドリ

駒鳥 | Japanese Robin

オス

\鳴き声/
チィ

黒色の小さなくちばしをもっている

下腹部になるにつれて白っぽくなる

メス

顔から頸、胸上部までは橙褐色で体下面は黒灰色

野山にいる鳥

ボディは橙褐色と黒灰色のツートンカラー

夏鳥で、山地から亜高山帯のササが生い茂る林や、林床に草が茂る林で観察できる。かなり大きな声で馬のいななきのように鳴くことから駒鳥と名付けられた説と、馬の轡を鳴らす音に似ているからつけられたという説の二つがある。オスとメスはほぼ同色でオスの頭頂部は茶褐色で、顔から胸は赤橙色。メスはその部分が淡色となっている。成鳥オスの体下面は黒灰色で胸に黒帯がある。メスにはこの黒帯がなく、下腹部になるにつれ白っぽくなっている。アカヒゲのオスと類似しているが、アカヒゲのオスは額から胸が黒く、メスは顔から体下面が白っぽい色であることから識別できる。亜種コマドリのほか亜種タネコマドリがいる。

DATA

- ▶ 大きさ　　全長14cm
- ▶ 生活型　　夏鳥
- ▶ 生息地　　森林
- ▶ 時期　　　4月〜10月
- ▶ 鳴き声　　さえずりは大きいが、地鳴きは小さな声で「ツィツィ」と鳴く。

生活

地上での生活が多い小鳥

長めの足で苔むした岩や地上を跳ね歩いて、昆虫類、クモ類、ミミズ類などを採食する。ササ類の多い林や、亜高山帯の針葉樹類のほかに、林床に草が茂る林などにも好んで生息する。さえずるとき以外は岩上や樹上などの高い所に止まることがあまりなく、地上での活動が多い。主に1羽かつがいで行動していて、秋の渡りの頃には小群になるのが観察できる。

スズメ目ヒタキ科

コルリ

小瑠璃 | Siberian Blue Robin

鳴き声 ツッ

オス

メスは頭からの上面がオリーブ褐色をしている

成鳥オスは頭からの上面が暗青色をしている

メス

野山にいる鳥

コマドリに似た鳴き声の瑠璃色の小鳥

中部地方以北で夏鳥、それ以外は旅鳥。繁殖地ではつがいで縄張りをもつ。林床や地上近くで行動し、明るい場所には出てこないが、渡来直後や早朝などに高木の梢で鳴いている姿を観察できる。成鳥オスは頭からの上面が暗青色で体下面は白く脇腹は青黒い。目先から頸側、胸側にかけて黒線がある。くちばしは黒く、足は肉色。成鳥メスは全体がオリーブ褐色で腹は白っぽく腰や尾羽に青味がある。繁殖のために日本に飛来し、倒木の下などにお椀状の巣をつくる。抱卵するのはメスのみで、ジュウイチ（P.80）に托卵の対象とされることがある。鳴き声はコマドリ（P.122）のさえずりに似ている。

特徴

森の宝石と呼ばれる美しい青羽

水辺の宝石がカワセミ（P.200〜201）で、森の宝石はコルリと呼ばれるぐらい美しい青い羽が印象的な鳥。平地から亜高山の落葉広葉樹や、針広混交林の地面近くに生息しているため、観察は難しい。渡来直後はよく樹上で鳴くが、渡来して日が経つと次第に林床近くで鳴くようになる。鳴き声から居場所を特定できることが多いが、木の下に生える下草でほとんど見えない。

DATA

- 大きさ　全長14cm
- 生活型　夏鳥
- 生息地　平地から亜高山の林
- 時期　　5月〜10月
- 鳴き声　鳴き声はコマドリに似ているが、「チチチ…」という前奏が入るので区別しやすい。

スズメ目ヒタキ科

ルリビタキ

瑠璃鶲 | Red-flanked Bluetail

オス

頭部からの上面は青色となっている

＼鳴き声／
ヒッヒッ

メス

頭部からの上面はオリーブ褐色となっている

野山にいる鳥

一度は見てみたい美しい青い鳥

漂鳥でほぼ全国に生息する。中部地方以北の亜高山帯の林で繁殖し、非繁殖期は平地から山地の林、樹木の比較的多い公園などで観察できる。繁殖期以外は単独で生活し、主に針葉樹のある林を好み、樹上で昆虫類、クモ類などを採食する。非繁殖期はオスもメスも縄張りをもち、その中を規則正しく動き回る。成鳥冬羽オスは頭からの上面が青色で白い眉斑が入るものとそうでないものがいる。体下面が白く、脇腹が橙黄色。夏羽では頭や顔、胸などの白い羽縁が摩耗して黒っぽく見える。成鳥メスは頭からの上面がオリーブ褐色で尾羽が淡い青。脇腹は淡い橙黄色となっている。

DATA

- ▶ 大きさ　　全長14cm
- ▶ 生活型　　留鳥（漂鳥）
- ▶ 生息地　　亜高山帯の林（繁殖期）、平地から山地の林、樹木の多い公園（非繁殖期）
- ▶ 時期　　　1月〜12月
- ▶ 鳴き声　　繁殖期には枝先で雄が「ピチュ チュリリリ…」とさえずる声が良く聞こえる。

観察

リズミカルな尾羽振りを観察する

ルリビタキは、尾羽を一定間隔で上下に振る。同じように尾羽を振る野鳥はいるが、振り方にはいろいろ種類がある。ジョウビタキ（P.34）は小刻みに振り、モズ（P.19）は回すように振るなど、様々な振り方を観察するのも面白い。ほかにも、威嚇するときに尾羽を立てるキジ（P.40）や、求愛行動でメスが尾羽を振るイワヒバリ（P.132）など尾羽を振る意味にもいろいろある。

> 見分け方

オスの美しい青色には3年かかる

鳥名の由来となった瑠璃色の羽。第1回冬羽では小雨覆や翼角部のみが青っぽくてメスと見分けがつきにくい。第2回冬羽でようやく頭部からの上面が青くなるが、まだ瑠璃色とは言えないぐらい全体が淡い色をしている。3年目にして、ようやく深い瑠璃色に輝く色へと変化する。

第1回冬羽

尾羽が若干青いのが確認できる。上面はメスと同じようなオリーブ色で、脇腹は橙黄色

第2回冬羽

上面や頭部も少し青くなってきている

成鳥冬羽

頭部から尾羽まで深い瑠璃色になっている

つがいの見分けがつきにくいことも

ルリビタキの幼鳥は、成鳥メスとよく似た色合いをしている。そのため、まだ完全に青い羽になっていないオスのつがいは、メス同士で繁殖しているように見えることも。ルリビタキは、繁殖期になるとつがいで地表近くの暗い場所に移動し、枯れ枝などでお椀型の巣を作り、1回に3〜6個の卵を産む。

野山にいる鳥

スズメ目ヒタキ科

サメビタキ

鮫鶲 | Dark-sided Flycatcher

白っぽいアイリングをもっている

胸、胸側から脇腹にかけて暗褐色のぼやけた縦斑

鳴き声
ジッ

野山にいる鳥

空中捕食が得意な小鳥

林内の枝に垂直に止まり、空中を飛んでいる昆虫類を捕食するが、その時にパチッとくちばしの音がするのが特徴的。サメビタキとコサメビタキはよく似ているが、サメビタキの眼先はコサメビタキより暗色になっている。サメビタキもコサメビタキもオスメス同色。サメビタキの腹部は白っぽく、胸から脇腹は灰褐色で暗黒褐色の縦斑がある。この縦斑は成鳥になる前の方がはっきりしていて、成長するにつれてぼやけてくる。コサメビタキにはこの縦斑がない。サメビタキとコサメビタキの声を分析してみると、最も大きな声の部分でサメビタキの方が2キロヘルツほど高い声をだすことがわかった。また、コサメビタキはサメビタキよりも明るい場所を好んで生活している。

DATA

- ▶ 大きさ　　全長14cm
- ▶ 生活型　　夏鳥
- ▶ 生息地　　平地から亜高山の山の林
- ▶ 時期　　　4月〜10月
- ▶ 鳴き声　　繁殖期はいろいろな声を組み合わせて濁った声で早口に鳴き、ぐぜりのように聞こえる。

解説

サメビタキのサメは魚の鮫が由来らしい

サメビタキのサメとは、魚の鮫が由来という説が有力。江戸時代では、鮫は食用に使われ、着物などの柄の一種である鮫小紋などもあり、鮫は身近な存在だった。鮫の色に似ているヒタキなので、サメビタキ。また、コサメビタキは、サメビタキより小さい種なのでコサメビタキという名がついた。ヒタキ三種とはサメビタキ、コサメビタキ、エゾビタキをさすことがある。

> 特徴

コサメビタキの採食

見通しの良い枝に垂直に止まり、飛んでいる昆虫類を空中採食する。採食した後は、飛び立つ前の枝に戻ることが多い。秋の渡りの時期には、農耕地のゴミ捨て場などのハエが発生する場所に集まることがあり、近くで見ていると、くちばしでハエを捕らえたときにパチッという音が聞こえる。

\鳴き声/
ツイ

コサメビタキの鳴き声

繁殖期のコサメビタキのオスは、高木の梢にとまって「チッ ヂョ チチチ チョチュ チュチュ」などといろいろな声を組み合わせて鳴く。全体的に濁った声で、ぐぜりのように聞こえるので、耳をよく澄ませていないと聞こえないこともある。地鳴きは少し濁った声で「ツイ」と鳴く。

野山にいる鳥

巣のカムフラージュ

採食するときも水平な枝を好むコサメビタキだが、巣作りも同じ。水平な木の枝に、コケとクモの糸を張り合わせてお椀型の巣を作る。巣の色は木のコブそっくりで、体の地味な色も相まって敵から身を守ることができる。

キビタキ

スズメ目ヒタキ科

| 黄鶲 | Narcissus Flycatcher

オス
成鳥オスの立派な眉斑
鳴き声 ピリィ
腹の部分が白っぽい
メス
喉は黄橙色で太陽の下ではより濃く見える

野山にいる鳥

オスは美しい黄色の眉斑をもっている

平地から山地の林に生息し、繁殖期以外は一羽で生活している。林内の枝に垂直に止まり、動かずにいることが多い。フライングキャッチによる採食も観察できる。成鳥オスは上面が黒く、眉斑は橙黄色で腰は黄色。喉は黄橙色で、胸から腹にかけて黄色く、下腹部は汚白色。大・中雨覆の内側の羽は白く、腰と上尾筒は黄色い。成鳥メスは全体的にオリーブ褐色で体下面が淡褐色。腰に緑色味が入っている。足はとても細いが、指と爪が体に比べて長めに見える。鮮やかな黄色と美しい鳴き声で、バードウォッチャーにとって一度は見てみたいあこがれの鳥。亜種キビタキと亜種リュウキュウキビタキがいる。

DATA

- ▶ 大きさ　　全長14cm
- ▶ 生活型　　夏鳥、南西諸島では留鳥
- ▶ 生息地　　平地から山地の林
- ▶ 時期　　　4月〜10月
- ▶ 鳴き声　　地鳴きや警戒の声は「ピリィ」。さえずりはいろいろなバリエーションがある。

鳴き声

ほかの鳥の鳴きまねをする

さえずりは様々なバリエーションに富んでいて、「ピィチュリィ ピピリィ オーシツク」のほか「ピュイチ ピププリ ピププリ」などいろいろ。さえずりの中にほかの鳥や昆虫の声をまねて鳴くことがあり、北海道ではクマゲラ（P.97）、セミの鳴き声も真似る。第1回冬羽のオスメスと成鳥のメスはほぼ区別できない。

> 見分け方

秋には木の実をよく食べる

キビタキは、主に葉や枝にいる昆虫類やクモ類などを採食する動物食だが、秋には木の実を食べる姿も観察される。木の葉の裏面にいる虫や空中を飛翔する昆虫を狙い、空中で採食することもある。獲物を捕まえると、飛び立つ前の場所に戻って食べる。

巣作りはメスの仕事

キビタキの巣作りはもっぱらメスが作る。平地から山地の林に生息し、樹洞などを利用して営巣する。また、キツツキ類の古巣や人間が設置した巣箱を使うこともある。そのときのオスは、さえずることで縄張りを守っている。

野山にいる鳥

亜種リュウキュウキビタキもいる

留鳥として南西諸島に生息する。屋久島や種子島では夏鳥。亜種キビタキより少し小さく、オスは上面の黒色部分が緑色味を帯びているのが特徴。オスの三列風切の外縁には白色部分がある。亜種キビタキより短い鳴声で、「チュイチー」「ピーチュチョ」と鳴く。

上面の黒色部分がキビタキよりも緑味を帯びている

キビタキよりも小さい

スズメ目ヒタキ科

ノビタキ
| 野鶲 | African Stonechat

頭部からの上面は黒い

胸は錆色でオスは濃く、メスは淡い

鳴き声
ジャッ ジャッ

野山にいる鳥

夏と冬で衣替えをする

中部地方以北で夏鳥、東北地方ではほぼ旅鳥。本州では越冬した例もある。秋の渡りの時期に平地でふつうに観察できる。草の穂先などに止まって尾羽を上下に動かしながら動き回る姿が見られる。地上に降りて昆虫類やクモ類を食べている。成鳥夏羽オスは喉と頭部からの上面が黒く翼に白斑があり、腰は白い。胸は錆色で頭側と腹が白い。成鳥夏羽メスは頭からの上面が黒褐色で淡色の縦斑がある。翼には小さな白斑も入っている。冬羽になるとオスもメスもともに全身淡い橙色に変わるが、オスの喉と頭部は黒褐色なので見分けられる。鳴くときは「チュ ピーチョ」や「チョピ チュピ チー」など2～3つの節を1つの歌として1回鳴き、少し間を置いて同じ調子で繰り返して鳴く。

DATA
- ▶ 大きさ　　全長13cm
- ▶ 生活型　　夏鳥
- ▶ 生息地　　農耕地、草地
- ▶ 時期　　　4月～10月
- ▶ 鳴き声　　地鳴きは「ジャッジャッ」などとウグイスの鳴き声に似ている。

解説

さえずり鑑賞は5月上旬から6月中旬までに

ノビタキは夏鳥として日本に渡来する。4月中旬ごろから、オスは草の先や柵に止まって鳴く。鳴くフレーズが決まっていて、2つか3つの節で鳴いた後、しばらく時間をあけてまた同じように鳴くことを繰り返す。6月下旬にはピタッと鳴かなくなるので、さえずりを聞きたければ4月から6月の終わりまでの間に探すといい。

スズメ目ヒタキ科

オオルリ

| 大瑠璃 | Blue-and-White Flycatcher

オス
頭からの上面は紺瑠璃色をしている

\鳴き声/
ジィジィ

メス
頭から上部は淡褐色で、翼は褐色

オスの成鳥は翼までが紺瑠璃色をしている

野山にいる鳥

姿の美しい日本三鳴鳥のひとつ

姿も声も美しい野鳥。成鳥オスの背中は尾羽も含め光沢のある瑠璃色。尾羽の基部は白い。喉、顔は黒で腹は白い。オスの幼鳥は雨覆、風切などが褐色。メスはキビタキ（P.128～129）のメスやコサメビタキなどに似て、頭からの上部は淡褐色で、雨覆、風切、尾羽は褐色。コルリ（P123）、ルリビタキ（P.124～125）などと共に日本の代表的な青い鳥御三家のひとつと言われ、羽の色とともに美しい声で愛されてきた。この美しい声は方言のように地域によっては違って聞こえる場合がある。採食は飛んでいる虫を空中でとらえるフライングキャッチを行う。日本に渡ってくるのは4月ごろから、最初にオスが飛来して縄張りを作り、そこへメスがやってきて営巣する。

解説

オスは時間をかけて瑠璃色に変化

オスの羽の瑠璃色に輝く姿はバードウォッチャーの憧れの的。一度は見てみたい瑠璃色の羽だが、オスが美しい羽色になるには2年から3年かかる。ウグイス（P.30）、コマドリ（P.122）とともに日本の三鳴鳥のひとつ。鳴き声には方言があるといわれ、東北地方の日本海側では全く違う鳴き声で鳴くオオルリも観察されている。

DATA

▶ 大きさ	全長16cm
▶ 生活型	夏鳥
▶ 生息地	平地から山地の渓流、湖沼、沢、湿地に近接する林
▶ 時期	4月～10月
▶ 鳴き声	オスは鳴いている時、最後のフレーズに「ジィジィ」と付け加える音がある。

スズメ目イワヒバリ科
イワヒバリ
岩雲雀 | Alpine Accentor

大中雨覆の羽先が白く2本の白線になる

喉に白黒の斑模様が入っている

鳴き声 キュル

野山にいる鳥

人慣れしているカヤクグリに似た鳥

高山の岩場や草原などで観察できる。あまり樹木に止まらず、繁殖地では岩場や残雪、草地などを歩き回る姿を見ることができ、あまり人を怖がらない。オスメス同色で頭部から胸は暗灰色。喉部には白い斑点が入っている。風切は黒く、大・中雨覆の先端部が白いので、静止時には白い2本の白線に見える。鳴き声はいろいろな声を組み合わせてさえずる。岩場などの高いところで鳴く性質があるが、木に止まることはない。人目に触れやすいカヤクグリ（P.133）と間違えそうになるが、カヤクグリはめったに人前に出て来ない、警戒心が強い鳥で、登山客などが観察できるのはほとんどがこのイワヒバリである。

DATA
- **大きさ**　全長18cm
- **生活型**　留鳥
- **生息地**　高山の岩場、草原
- **時期**　1月〜12月
- **鳴き声**　「チリリリ チュウィ」などと複雑な鳴き方をする。

生活

メスが求愛行動をしてオスの気を惹きつける

「チリリリ チュウィ」といろいろな声を複雑に組み合わせて鳴く。繁殖期は特にオスとメスが美しく鳴きかわす姿を観察することができるが、繁殖のための求愛行動は主にメスが尾羽を振って、オスを魅了する。子育ては多夫一妻で行う。

スズメ目イワヒバリ科

カヤクグリ

萱潜、茅潜 | Japanese Accentor

上面は茶色で黒褐色の縦斑がある

体下面は灰黒色で下腹部は茶色

鳴き声 チリリリ

ミソサザイによく似た日本固有種

繁殖期は亜高山帯から高山帯の岩場や草地、ハイマツ帯にいて、非繁殖期には低山の林や沢などで観察できる。オスメス同色で頭部は暗褐色で目の下から耳羽にかけては汚白色の軸斑が模様になって見える。目の周りに小さい白斑がある。上面は茶色で黒褐色の縦斑がある。また、体下面は灰黒色で下腹部は茶色と、たいへん地味な外見をしていて、草藪の中にいると見逃しそうになるが、古くから親しまれてきた鳥で、ミソサザイ（P.115）によく似ていることから「おおみそさざい」あるいは「やまさざい」と呼ばれていたこともある。和名は夏の季語となっている。類似種のミソサザイは割と目立つ場所にも出てくるのに対し、カヤクグリはあまり目立つ場所には出てこない。

野山にいる鳥

解説

繁殖はオスが2羽で協力している

日本の固有種で、学名の *Prunella rubida* は「赤い褐色の小鳥」という意味。繁殖期は明るい場所でさえずったり採食したりする姿が観察できる。オスとメスの数羽で小群となり、1羽のメスに2羽のオスが協力して繁殖を助けている姿が目撃されている。メスはハイマツなどの樹上に、枯草や苔などを組み合わせたお椀状の巣をつくる。

DATA

- ▶ 大きさ　　全長14cm
- ▶ 生活型　　留鳥（漂鳥）
- ▶ 生息地　　繁殖期は亜高山帯から高山体の岩場や草地
- ▶ 時期　　　1月〜12月
- ▶ 鳴き声　　地鳴きは「チリリリ」と鳴く。

スズメ目セキレイ科

キセキレイ

黄鶺鴒 | Grey Wagtail

オス
眉斑が白く入っている
頭からの上面は黄緑色がかった灰色
オスよりも黄色味が淡い
メス
鳴き声 チチンチチン

野山にいる鳥

黄色い色をしたセキレイの仲間

九州以北の平地から高山の沢や渓流、河川、海岸、湖沼、農耕地などで観察できる。繁殖期以外は一羽で生活していて、常に尾羽を上下に振りながら水辺を歩いて水生昆虫類などを採食する。飛んでいる昆虫類を空中採食「フライングキャッチ」をする。越冬地でも一定の縄張りをもつ。オスとメスはほぼ同色で、メスはオスより黄色味が濃い。夏羽の成鳥オスは頭からの上面が黄緑色がかった灰色で、腰は黄色。眉斑と喉線は白く、喉が黒い。胸からの身体下面は黄色。「チョチョチョ…」などと単純だがよく通る声で、電線や枯れ木の上、屋根の角などに止まってさえずっている。ときどき、翼を震わせるような飛行でその場から飛び立ち、自分の縄張りを主張する。

DATA

- **大きさ** 全長20cm
- **生活型** 漂鳥または留鳥
- **生息地** 平地から高山の沢や渓流、河川、海岸、湖沼、農耕地
- **時期** 1月〜12月
- **鳴き声** セキレイの仲間の中では最も高い声で「チチンチチン」と飛び立つときによく鳴く。

聞き分け方

セキレイ3種の声の聞き分け方

キセキレイ、ハクセキレイ（P.38〜39）、セグロセキレイは、よく観察できるセキレイ3種で、飛び立つときと飛翔中の声の違いを楽しむことができる。キセキレイは最も声が高く「チチンチチン」、ハクセキレイはキセキレイほど高くない声で「チュチュン」。セグロセキレイは濁った声で「ジュジュ」と鳴く。

スズメ目セキレイ科

ビンズイ

便追 | Olive-backed Pipit

- 頭からの上面は緑褐色となっている
- 耳羽後方の一部が汚白色となっている
- ビンズイは全体がオリーブ色で、灰色がかっているとタヒバリ

鳴き声 / ヅッイー

耳羽後方の汚白色の斑が見分けのポイント

ビンズイは四国以北で繁殖し、北海道のビンズイは冬鳥として本州以南へ渡る。本州の標高の高い場所で繁殖していたビンズイは漂鳥として暖かい場所へと移動する。越冬期は林床のよく整理された松林を好んで生息し、特に本州の太平洋側や九州地方の松林には多数見られる。繁殖期以外は小群で生活し、尾羽をゆっくり上下に動かしながら地上を歩く姿が観察できる。オスメス同色で頭からの上面は緑褐色で黒褐色の縦斑がある。耳羽後方に汚白色の斑があり、その下に黒い斑があるのがビンズイの特徴のひとつ。

野山にいる鳥

見分け方

タヒバリによく間違えられる鳥

鳴き声を「ビンビンツィーツィー」と聞きなしている。この聞きなしが由来でビンズイと名付けられた。よく似ているタヒバリ（P.206）との違いは生息場所。ビンズイが好む林にはタヒバリは生息しておらず、タヒバリは川原や河岸などの水辺に生息する。また、生息場所のほかに、色でも見分けることができる。全体がオリーブ色なのがビンズイで、全体的に灰色がかって見えるのがタヒバリだ。

DATA

- ▶ 大きさ　　全長16cm
- ▶ 生活型　　漂鳥または夏鳥
- ▶ 生息地　　平地から山地の灌木や岩の散在する高原、明るい林、林縁
- ▶ 時期　　　1月〜12月
- ▶ 鳴き声　　枝先から飛び出して、ディスプレイ飛翔をしながらさえずることもある。

135

アトリ

スズメ目アトリ科

|獦子鳥、花鶏　|Brambling

オス

成鳥夏羽は頭が真っ黒に変化する

鳴き声
キョッキョッ

大雨覆の羽先は橙色になっている。幼鳥は全体的に淡色

メス

オスに比べて全体的に淡色をしている

野山にいる鳥

樹上に集まる大群は圧巻だが最近は少ない

平地から山地の林、山麓の森林、草原、農耕地に生息。昼間は小規模な群れで、夜になると集団で休む。渡来直後や繁殖地への渡去直前に数万羽から数十万羽の大群を観察することがあるが、近年、その数は減少傾向にある。主に植物の種子を採食し昆虫類を食べることもある。地上では跳ね歩き、木の枝先でぶらさがって種子を食べる姿が観察できる。成鳥オスの冬羽は頭がバフ色で黒色の羽が混じってまだら。頬から頸側が灰色で黒色の羽が混じる。背は黒っぽく、うろこ状のバフ色の羽縁が目立つ。中・小雨覆は橙色。大雨覆は黒く羽先は橙色。腹は白い。くちばしは淡黄色で先が黒い。足は肉色。メスはオスに比べると全体的に淡色で黒褐色の頭側線が後頸まで伸びている。

DATA

- 大きさ　　全長16cm
- 生活型　　冬鳥
- 生息地　　平地、山地の林、農耕地
- 時期　　　1月〜4月、10月〜12月
- 鳴き声　　飛び立つときや飛翔中に「キョッキョッ」という小さな声を出す。

特徴

大群を観察できることも

アトリの幼鳥は大雨覆の羽先が白っぽいので、成鳥の場合の橙色と判別できる。昔は空を覆いつくすほどの、多いときには数十万羽ともいわれる大群が観察できたが、最近は数を減らしている。また、大群になる年とそうでない年がはっきり分かれるので、運が良ければアトリの大群を観察できるかもしれない。

スズメ目アトリ科

マヒワ

真鶸 | Eurasian Siskin

オス
成鳥オスの頭と喉は黒い
成鳥オスの夏羽ではやや黄色味が強くなる

鳴き声
チュイーン

メス
全体的に淡色で上面に黒褐色の縦斑がある

野山にいる鳥

市街地でも木があるとよく観察できる

冬鳥または漂鳥でほぼ全国で観察できる。平地から山地の林や海岸の林、川原、草原、樹木の多い公園でも見ることができる。繁殖期以外は群れで行動し、樹上や地上で草木の種子を食べて生活している。成鳥オスは全体的に黄色で、頭頂部と喉が黒い。目の上から眉斑状に黄色い線が入る。メスは全体に淡色で上面には黒褐色の縦斑が入っている。羽ばたいては翼を体側につけるため、波状飛行となり、群れ全体で見ても波のように移動する。翼を広げて飛ぶと黄色の翼帯がよく目立つ。尾羽はオスもメスも短く、凹型をしている。マヒワの緑がかった暗い黄色はほかの鳥にない独特の色合いで、鶸色と名付けられた。

観察

水を好むので観察ポイントは水のある場所

木が多い市街地でもよく観察できる野鳥のひとつ。特に水を好むので、都心部の公園の噴水や池などでもよく見ることができる。飛翔中や採食中にもにぎやかに鳴く。特に春先になるとオスは複雑な声でぐぜってからさえずる。また、マヒワの「鶸」には「弱い小鳥」という意味がある。

DATA

- 大きさ　全長12cm
- 生活型　冬鳥または漂鳥
- 生息地　森林、草地
- 時期　　10月〜5月
- 鳴き声　さえずりは「チュルチュチュチュイーン」と聞こえることもある。

スズメ目アトリ科

ウソ

鷽 | Eurasian Bullfinch

オス
オスは頬と喉の紅色が映える

シルエットは丸くころっとしている

鳴き声
フィフィ

赤いマフラーがなく、全体的に灰色

メス

野山にいる鳥

頬と喉の美しい紅色を鑑賞

平地から山地の林に生息している。繁殖期以外は小群で生活している。繁殖期は平地（北海道）から亜高山帯の主に針葉樹のある林にいて、草木の種や芽を採食している。冬期には特にソメイヨシノのつぼみを好んで食べる傾向があり、桜祭りの花を食べ尽くしたこともある。頭から後頸、くちばしの周りは黒く、頬と喉が美しい紅色で目立つ。背と肩羽、小雨覆は黒灰色。大雨覆の羽先は灰白色。鳴き声は特徴があり、口笛を吹くように「フィフィ」と鳴く。繁殖期にオスはリズミカルに「フィロフィロフィー」と鳴く。丸っこいシルエットで、小さい頭とくちばしに、喉あたりの赤いマフラーが印象的な小鳥。赤いマフラーはオスのみでメスは全体的に灰色。

DATA	
▶ 大きさ	全長16cm
▶ 生活型	留鳥(漂鳥)または冬鳥
▶ 生息地	平地から山地の林
▶ 時期	1月〜12月
▶ 鳴き声	口笛を吹くような鳴き声や、繁殖期のオスのリズミカルなさえずりが特徴。

特徴

くちばしが太く固い種子に適した構造

くちばしは太くて短い。固い樹木の種子をすりつぶして食べることができるような構造になっている。硬い木の実以外には、桜のつぼみや新芽、そのほか草木の種子、ときにはクモなども食べる。

見分け方

冬鳥の亜種がいる

日本で繁殖する亜種ウソのほかに、亜種ベニバラウソと、亜種アカウソの2亜種がいる。ベニバラウソは稀な冬鳥で、胸から腹が全体的に鮮やかな紅色。一方、普通に冬に渡来し、北海道では少数が繁殖しているといわれるアカウソは、上面はウソと変わらないが、腹部が淡赤色。両亜種の最大の違いは大雨覆で、アカウソの大雨覆は灰色をしてるが、ベニバラウソの大雨覆は真っ白なので、とても分かりやすい。

ベニバラウソは胸から腹が濃い紅色

害鳥とみなす地域も

ウソは、春先など食べ物が不足している時期には、平地に降りてウメ、モモ、アンズなどの果樹の蕾を食べることがある。膨らみかけた蕾を食べ、農作物の繁殖を妨げるので、果樹農家や一部地域では害鳥とみなされている。しかし、この害鳥とされるのは、実は冬鳥として渡来する亜種アカウソであることが多い。日本のウソ（亜種ウソ）は、濡れ衣を着せられていることがあるようだ。

アカウソは胸から腹にかけて淡い紅色

野山にいる鳥

スズメ目アトリ科

イスカ

交喙、交嘴　Common Crossbill

- くすんだ黄色をしている
- メス
- 全体的に橙赤色の個体と黄色の個体がいる
- 独特のくちばしの交差具合を観察
- 鳴き声　キョッキョッ

野山にいる鳥

針葉樹の実を上手に食べるためのくちばし

成鳥オスは翼が黒褐色でほかは橙赤色だが、青味のある黄色の個体もいる。成鳥メスは頭から上面がオリーブ緑色、体下面は黄色っぽい。オスもメスもくちばしは黒く、上のくちばしはまっすぐで、下のくちばしが左右どちらかにくいちがっており、先端は交差する。これはマツやモミノキなどの針葉樹の種子をついばんで食べるため。卵から孵って間もないイスカのヒナは普通のくちばしでまっすぐだが、1〜2週間後から徐々に先が交差してくる。しかし下のくちばしが右に出るか左に出るかは決まっていない。冬鳥または留鳥で、本州以北では繁殖が見られることもある。また、一年中群れで生活している。針葉樹林にいて、地面に水を飲みにくる姿がひんぱんに観察できる。

DATA

- ▶ 大きさ　全長17cm
- ▶ 生活型　冬鳥または留鳥
- ▶ 生息地　平地、山地の常緑針葉樹林
- ▶ 時期　1月〜12月
- ▶ 鳴き声　繁殖期は松の枝先に止まって「チュビィチュビィチュリリビィ」と鳴く。

特徴

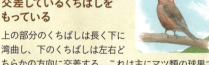

くちばしが交差している

交差しているくちばしをもっている

上の部分のくちばしは長く下に湾曲し、下のくちばしは左右どちらかの方向に交差する。これは主にマツ類の球果であるまつぼっくりから、種を取り出して食べやすいような構造になっているため。中にくちばしを差し込んでひねることですき間をあけ、そこから種を取り出す。

スズメ目アトリ科

イカル

鵤、桑鳲 | Japanese Grosbeak

- 頭頂部から顔の前面が黒い
- 類似種のコイカルは初列雨覆と羽先が白い
- 大雨覆と中央尾羽に紺色の美しい金属光沢
- 初列風切には横から見ると三角形の白斑

鳴き声 / キョッ

顔が黒くくちばしが太い美しい鳴き声の鳥

平地から山地の林、冬は林近くの農耕地で観察できる。繁殖期以外は群れで行動する。コイカル（P.70）と同じように硬い種子のほか、柔らかいモミジの花、木の葉なども採食する。地面で木の実を食べる姿から、マメマワシ、マメコロガシなどと呼ばれた。「鵤」は角のように丈夫なくちばしからつけられた。飛翔ははっきりした波状飛行で、群れで飛ぶと群れ全体も波のように上下に動く。オスメス同色で、成鳥は頭と顔の前面が黒い。後頭から腰と喉からの体下面は灰褐色で下腹部は淡色。翼と尾羽は黒く、大雨覆と中央尾羽に紺色の金属光沢が見られる。初列風切には白斑がある。幼鳥の頭は黒くない。

野山にいる鳥

見分け方

鳴き声と美しい姿を愛でる鳥

「月日星（つきひほし）」と聞きなされるような鳴き声でさえずることから三光鳥（さんこうちょう）とも呼ばれ、古くから歌などにも詠まれてきた。翼を広げると白い翼帯が目立つ。また、サンコウチョウ（P.100）の聞きなしも「月日星」である。類似種のコイカルとの差は、初列雨覆の一部と、風切の羽先が白かったらコイカル。イカルは頭頂部から顔の前面だけが黒くなっている。

DATA

- ▶ 大きさ　　全長23cm
- ▶ 生活型　　留鳥または漂鳥
- ▶ 生息地　　平地から山地の林、冬は林近くの農耕地
- ▶ 時期　　　1月〜12月
- ▶ 鳴き声　　地鳴きは「キョッ」で、さえずりは「キーコーキー」
- ▶ 聞きなし　「月日星」「お菊二十四」

スズメ目ホオジロ科

ホオアカ

頬赤 | Chestnut-eared Bunting

オスメスとも頬が茶色

胸にはT時型の黒色の帯と茶色の横帯がある

\鳴き声/
チッ

野山にいる鳥

頬が赤い美声の持ち主

留鳥または漂鳥で、九州以北で繁殖する。平地から山地の草原、川原、農耕地などで観察できる。繁殖期以外は単独か小群で生活し、背丈の低い草地で種子や昆虫類、クモ類などを食べている。オスとメスはほぼ同色で頬と胸下部は茶色で胸にT字形の黒い帯と茶色の横帯がある。成鳥オスは頭が灰色で細かい黒褐色の縦斑が入る。成鳥メスはこの頭の灰色部分が薄く、胸の茶色の部分も淡いがあまりオスと変わらない。冬羽になるとオスもメスも全体的に淡色となる。鳴き声は「チョッ チッ チチュ チュチュリチチ」というホオジロのさえずりに似た美しい声だが、ホオジロ（P.71）よりやや濁った声。また本種は、さえずりの前後に「チッ」「チィヨ」という地鳴きが混じるのが特徴的。

DATA

▶ 大きさ　　全長16cm
▶ 生活型　　留鳥または漂鳥
▶ 生息地　　平地から山地の草原、川原、農耕地
▶ 時期　　　1月〜12月
▶ 鳴き声　　ゆっくりしたテンポで「チッ」と地鳴きを組み合わせたようなさえずりをすることもある。

解説

ホオジロ、ホオアカ、ほかの色は？

ホオアカに名前が似ているホオジロも、スズメ目ホオジロ科。ほかに「ホオ〇〇」と色名がついた鳥はいない。頬が茶色をしているホオアカは、ホオジロによく似た声で「チッチッツ」などと鳴くが、地面に近い草地を好んで生活しているため、観察しにくい鳥のひとつといわれる。最近は環境変化により数を減らしている。

スズメ目ホオジロ科

カシラダカ

頭高 | Rustic Bunting

頭の冠羽をたてることがある

胸にある茶色い帯が印象的

鳴き声
チッ

野山にいる鳥

目の上の白い眉斑が印象的

平地から山地の疎林、林縁、灌木のある草地、アシ原などで生息している。群れで生活していることが多く、木や灌木林のある開けた場所を好み、地面の上を跳ね歩きながら、短い冠羽を立てて草木の種子を採食する。成鳥夏羽オスは頭部が黒く、目の上から白い側頭線がある。上面と胸、脇腹は茶色で背と肩羽には黒い縦斑がある。体下面は白い。冠羽が立っていない時はカシラダカとホオジロ（P.71）はよく似て見える。腹が白いとカシラダカ、腹が栗褐色または茶だとホオジロと識別できる。また、カシラダカは胸や脇腹に淡い斑点がある。ツグミ（P.67）とともに冬鳥としては飛来数が多いと言われていたが、最近は数を減らし、2017年に絶滅危惧種になった。

解説

冠羽が立つのは興奮したとき

春先の鳴き声は複雑で早口でぐぜる

地鳴きは「チッ」、細く小さく聞こえる。渡去前は「フィーチョピチィピーチュチチュリ」と早口でぐぜる。ヒバリに似た明るい声で複雑なさえずりにも聞こえる。木の枝先に止まったり、移動しながら鳴き交わしたりすることが多い。興奮すると冠羽を立てるのでカシラダカという名前がついた。

DATA

▶ 大きさ　　全長15cm
▶ 生活型　　冬鳥
▶ 生息地　　平地から山地の疎林、林縁など
▶ 時期　　　10月〜5月
▶ 鳴き声　　春先は早口でヒバリに似たような複雑な鳴き声をすることがある。

143

スズメ目ホオジロ科

ノジコ

野路子　Yellow Bunting

オス
目の周囲が白いアイリング状になっている
目先の色はオスが黒い

鳴き声 チッ

目先は黒くない
メス

白いアイリングの小鳥

夏鳥で、中部地方以北で局地的に繁殖する。平地から山地の林床に草藪がある場所や、灌木が混じる高木林や疎林などで見ることができる。繁殖期以外は単独または数羽の小群で生活している。林縁や地上を跳ね歩きながら種子や昆虫類、クモ類を食べる。オスとメスはほぼ同色だが、成鳥夏羽オスは頭部と背が黄緑色、目先は黒く、翼は黒褐色。大・中雨覆の羽先は白っぽい。体下面は黄色。メスはオスより淡色で、目先は黒くなく、脇腹の黒い縦斑はオスより多い。鳴き方は「チィチィ ピピ チィチィチィ チョチョ」とアオジによく似た声で鳴く。

野山にいる鳥

DATA
- 大きさ　全長14cm
- 生活型　夏鳥
- 生息地　森林
- 時期　4月〜10月
- 鳴き声　アオジによく似た声で鳴くが、地鳴きはアオジより弱い声で「チッ」と鳴く。

特徴

絶滅が危惧されている日本の固有種

江戸時代前期から「のぢこ」あるいは「やちこ」と呼ばれて親しまれてきた。ノジコは日本の準固有種で、日本でしか繁殖しない貴重な鳥。だが、フィリピンのルソン島などで越冬する個体も観察されたようだ。局所的に飛来することから生態調査がなかなか進まず、数を減らし、環境省の準絶滅危惧種に指定されている。

スズメ目ホオジロ科

ミヤマホオジロ

深山頬白 | Yellow-throated Bunting

- 頭頂は冠羽になっている
- 喉と眉斑は黄色で、眉斑は前後が白くなっている
- 過眼線と顔はオスよりも淡色

オス / メス

鳴き声 チッツ

野山にいる鳥

英語名は「黄色の喉のホオジロ」

冬鳥で、ほぼ全国で観察記録がある。主に平地から山地の草原、農耕地などで観察できる。小群でいることが多く、明るい林内や林縁部の地上を跳ね歩きながら草木の種子や昆虫類、クモ類を採食している。林内の少し開けた場所が観察ポイント。広い草地や農耕地などの中央部分に出てくることは少なく、灌木林や林縁などにいる。オスの頭頂部は黒く、過眼線から顔と胸が黒い。喉は黄色。夏羽になるのはだいたい2月ごろからで、メスはオスの黒い部分が淡色となっている。逆光でカシラダカ（P.143）を見るとよく似ているが、喉の黄色と眉斑の黄色い部分が入っているのがミヤマホオジロと見分けることができる。

聞き分け方

カシラダカやホオジロの声に似ている

ミヤマホオジロの「チッツ」という地鳴きはカシラダカの「チッ」という声によく似ている。また、ホオジロ（P.71）のように3音「チチッ」に聞こえる声で鳴くこともある。繁殖期のミヤマホオジロのオスは早口で複雑にさえずる。草地や農耕地、平地から山地の光の当たらない林縁にいることが多い。日本では長崎県対馬で繁殖が確認されている。

DATA

- 大きさ　　全長16cm
- 生活型　　冬鳥
- 生息地　　平地から山地の林、草地、農耕地
- 時期　　　10月〜4月
- 鳴き声　　枝先などの目立つところには出ずに、「チッチッ」と鳴く。枝中ほどで鳴くことが多い。

アオジ

スズメ目ホオジロ科

青鵐 | Black-faced Bunting

オス

下嘴は肉色で上嘴は黒い

鳴き声 チッ

目先が黒く目の上後方に黄色い側頭線がある

メスには目先の黒色がない

メス

上面は淡い茶色、体下面は黄色

野山にいる鳥

地味な外見だが意外と美しい声で鳴く

繁殖期以外は小群で行動することが多く、薄暗い林道付近や竹藪、灌木の茂み、アシ原などに生息している。成鳥夏羽オスは頭から背が灰黄緑色。目先が黒く、目の上後方に黄色の側頭線がある。胸と脇腹には黒褐色の縦斑がある。成鳥夏羽メスはオスに比べると淡色で、目先の黒色が無い。目の上後方の黄色の側頭線と、顎線状の黄色い部分がはっきり観察できたらメス。アオジは漢字で蒿鵐と表記する場合があり、この「蒿」とはヨモギのこと。一般的に漂鳥で、冬に日本へと渡来する亜種シベリアアオジも観察されている。さえずりは高い声だが、ゆっくりとした調子の良い声で鳴く。

DATA

- 大きさ　全長16cm
- 生活型　留鳥または漂鳥
- 生息地　低地から山林の疎林や低木の林、草原
- 時期　1月〜12月
- 鳴き声　ホオジロやノジコの鳴き声によく似ているが、地鳴きは少し濁った強い声で「ツエッ」と鳴く。

見分け方

繁殖期以外は薄暗い場所を好む

アオジは、薄暗い林道付近や竹藪、灌木の茂みなどで観察されているが、繁殖期には草地などの明るい場所でも観察できる。「チッ」というノジコ（P.144）や、ホオジロ（P.71）に似たような声で鳴く。近年数を減らしている野鳥のひとつで、大変用心深く、観察は意外と難しい。ノジコとの違いはくちばしで、ノジコはオスもメスもくちばしが黒い。

スズメ目ホオジロ科

クロジ

黒鵐 | Grey Bunting

- くちばしは肉色をしていて上嘴は黒っぽい
- オス
- 鳴き声 チッ
- アオジのメスとの見分け方は腰が茶色かどうか
- メス
- 成鳥夏羽オスは全体的に灰黒色をしている
- 尾羽の両側に白斑がない

野山にいる鳥

暗いところを好む小鳥

平地から山地の暗い林に生息している。暗いところを好んで生活しているが、繁殖期には梢や高木の中ほどから上にとまって鳴くこともある。鳥名のとおり、オスは全体に灰黒色。メスはバフ色味のある褐色。冬羽は全体に淡くなる。長い間、日本の固有種とみられていたが、カムチャツカ・千島列島・サハリンにも分布していることがわかった。とはいえ、分布の狭い種である。日本では北海道と本州に生息しており、落葉広葉樹林とその上の針広混交林の、下層にササ類の茂った林で繁殖する。くちばしは肉色で三角形に見え、草の種子や昆虫類、クモ類などを採食する。一般的には漂鳥だが、冬になると海外から渡来してくることも確認されている。

見分け方

アオジに似た鳴き声の黒い鳥

アオジ（P.146）のさえずりにも似た「ホィーチィチィ」などといった声で歌うこともある。地鳴きはアオジより低めの「チッ」という声を出す。一般的にホオジロの仲間は、尾羽の両側あるいは両端に白斑あるいは白斑があるのが普通だが、クロジにはそれがないのが特徴のひとつ。メスは、アオジのメスにとてもよく似ているが、クロジのメスは腰が茶色いので見分けがつく。

DATA

- 大きさ　全長17cm
- 生活型　留鳥または漂鳥
- 生息地　平地から山地の暗い林
- 時期　1月〜12月
- 鳴き声　ゆっくりしたテンポで3音の独特のさえずりが特徴的。地鳴きは短く「チッ」。

カモ目カモ科

ヒシクイ

菱喰 | Bean Goose

鳴き声
グァハハン

全体は暗褐色で頸から上は体の色よりも淡茶色

上尾筒と下尾筒はともに白色

水辺にいる鳥

日本へは3亜種が渡来している

東北地方北部よりも北の地域では旅鳥として、それ以外の地域では冬鳥として渡来。千島列島を経由してまずは北海道東部へと入り、越冬地を目指して南下してくる。日本では3亜種を観察でき、体の大きさで分けられる。亜種ヒシクイよりも、体が一回り大きいのがオオヒシクイ、マガン（P.150）とほぼ同じ大きさのヒメヒシクイ。この中で日本への渡来数のほぼ8割はオオヒシクイが占めている。どの亜種も羽色は同じ。くちばしは黒く、先端近くに黄色がある。ヒシクイとヒメヒシクイのくちばしは短く太く、ヒシクイでは額とくちばしに角度があるが、オオヒシクイのくちばしは長くて、額とくちばしに角度はなくなだらか。落ち穂、水草などを食べる。

DATA

- 大きさ　　全長85cm
- 生活型　　冬鳥、旅鳥
- 生息地　　湖沼、湿地、池、水田
- 時期　　　9月〜4月
- 鳴き声　　ヒシクイは濁りのない声で「グァハハン」と鳴く。オオヒシクイはしわがれた声で「グワワ」と鳴き、大きく響く。

生活

人間が近づきにくい場所で休息する

ヒクスイは、とても臆病で用心深い性格をしているため、天敵が簡単には近づけないような安全な場所を選んでねぐらとしている。広い水田のほか、湖沼や池、や湿地にいることが多いので、近くで観察することはなかなか難しい。採食もねぐらと同じく、広い水田や湖沼などで行い、落ち穂、水草やその根などを食べている。

ヒシクイ類の見分け方

亜種オオヒシクイについて

亜種オオヒシクイは、日本に渡来するヒシクイ類の中でも特に体が大きい。額からくちばしのラインがなだらかで、ヒシクイよりも長い。風切は黒褐色で、羽軸は白い。しわがれた声で「グワワ」と鳴く。雨覆と背は暗褐色で、上・下尾筒の白色が目立つのが特徴。ヒシクイ類の腹部には、黒くて太い横斑はないが、マガンの幼鳥にないので、飛翔時には見間違える可能性もある。

カーブがなだらか

上尾筒と下尾筒は上下ともに白色

ヒシクイとマガンはくちばしで見分ける

ヒシクイは、よくマガンと似ている野鳥だと言われる。この2種を見分けるポイントは、くちばしの色。ヒシクイのくちばしは黒く、先近くが黄色をしている。マガンのくちばしは、橙色みのあるピンク色で、くちばしの基部から額にかけての羽毛が白い。また、くちばし以外でも、ヒシクイの方が頸が長いので、遠目からでも見分けることができる。

ヒシクイ

くちばしは黒く、先端近くに黄色の部分がある

くちばしが橙色みのあるピンク色。くちばし基部の羽毛は白く額にかかる

マガン

水辺にいる鳥

カモ目カモ科

マガン

| 真雁 | Greater White-fronted Goose

頭から上面は灰褐色で尾羽にかけて徐々に黒味が増す

\ 鳴き声 /
グァアア

成鳥の胸から下尾筒にかけて白味は増すが腹に不規則な黒の横斑がある

若い個体の腹には黒い横斑がない

水辺にいる鳥

腹のまだら模様が特徴的なガン

冬鳥として日本に渡来し、湖沼や池、水田などに生息する。北海道などの東北地方北部より北の地域においては旅鳥として立ち寄る。東北地方南部よりも南の太平洋側で見かけることは、ほとんどない。褐色系のガン類はどれもよく似ているが、マガンは腹にまだらに入る黒の横斑と、くちばし基部から額まで白い羽毛があるのが特徴。オスとメスで羽色は同じ。頭と上面は灰褐色で、尾羽にかけて黒っぽくなっている。腹は白っぽく、翼下面は全体に黒褐色で風切の羽軸は白い。尻の部分が上がっているように見える状態で水面に浮く。幼鳥や若鳥にはくちばし基部に白い羽毛はないか、あっても小さく、腹の黒い横斑もない。水田に落ちた穂を主に食べている。

DATA

- 大きさ　　全長72cm
- 生活型　　冬鳥、旅鳥
- 生息地　　湖沼、池、水田、湿地
- 時期　　　9月〜4月
- 鳴き声　　飛び立つ際や飛翔中はよく通る大きな声で「グァァァ」と鳴く。群れの仲間などとの挨拶では低めの声で鳴く。

生活

ねぐらにするのは水深の浅い場所

マガンは、越冬地での休息場所としては、湖沼などの水深の浅い所を選んでねぐらにする。群れで行動しているので早朝になると、一斉にねぐらから飛び立ち、そこから食べ物となる落ち穂を採食するために、水田へと向けて飛んでいく様子が見られる。夕方にねぐらへ戻ってくるとき、美しいV字型の編隊を作り、ねぐらの上空できりもみ飛行（落雁）をして舞い降りる。

カモ目カモ科

コハクチョウ

小白鳥 | Tundra Swan

全体が白く、黒いくちばしの基部は黄色で先端には丸みがある。黄色い部分はオオハクチョウより小さい

体はオオハクチョウに比べて一回り小さく、頭も短い

鳴き声
コゥー

水辺にいる鳥

体が小さく頸の短い白鳥

9月〜10月頃に北海道の北部に渡来した後、越冬地を目指して南下する冬鳥。オスとメスで羽色は同じ。全体が白く、オオハクチョウ（P.152〜153）とよく似ているが、頸の長さは本種の方が短い。越冬地の違いによって頸が長めのものと短めのものがいる。黒いくちばしの基部の黄色はオオハクチョウよりも小さく、先端はとがっていないことで識別する。日本には亜種コハクチョウが数多く渡来しており、亜種アメリカコハクチョウも数羽とごくわずかではあるが局地的に渡来している。亜種アメリカコハクチョウも体型は本種とよく似ているが、くちばしの基部の黄色の部分がほとんどなく、目先に小さく黄色部がある程度。どの幼鳥も全体はやや灰色っぽい。

生活

1日のほとんどを採食場で過ごす

コハクチョウがねぐらとするのは水面や湿地。朝10時頃までにはねぐらから水田などの採食場へと群れで移動する。移動する前には、首を上下に振りながら鳴きかわす姿が観察できる。天敵などの気配がない限りは、夕方にねぐらに帰るまでの時間を採食場で過ごす。オオハクチョウに比べると採食場で長い時間過ごすものが多い。

DATA

- ▶ 大きさ　　全長120cm
- ▶ 生活型　　冬鳥
- ▶ 生息地　　湖沼、河川、内湾
- ▶ 時期　　　9月〜4月
- ▶ 鳴き声　　「コゥー」と大きな声で鳴くが、その声にはオオハクチョウのような甲高さはない。

カモ目カモ科

オオハクチョウ
大白鳥 | Whooper Swan

頭が錆色に染まっていることもあるが、全体は白い

コハクチョウより黄色の部分が大きい

鳴き声 コウー

全体が白色。幼鳥は全体に灰色

水辺にいる鳥

翼を広げて雄大なディスプレイを行う

9月から10月にかけて主に千島列島経由で北海道へ渡来する冬鳥。その後、徐々に本州まで南下する。湖沼、河川、内湾、河口などで群れをなしている光景を見られる。オスとメスは同色で全体が白い。鉄分が多い湿地などにいた場合、胸から上が錆色に染まることもある。本種とコハクチョウの識別はくちばしで行う。黄色の部分が大きく、黒色の部分へ入り込んでいるのが目印。ただし、個体変異もある。繁殖期のディスプレイのときには、翼を広げて羽ばたきながら鳴きかわす。大半は午前10時頃にはねぐらから水田などの採食場へ飛んで移動する。主食は水草やその根、青草、落穂など。午後3時には食事を終えてねぐらに戻ることが多い。

DATA	
▶ 大きさ	全長140cm
▶ 生活型	冬鳥
▶ 生息地	湖沼、河川、内湾、河口
▶ 時期	10月〜4月
▶ 鳴き声	甲高く大きな「コウー」と一声を上げる。連続で鳴くこともある。ディスプレイのときにはオスもメスも激しく鳴きかわす。

見分け方

幼鳥や若鳥は白くない

オオハクチョウの幼鳥は、全体が灰褐色の姿をしている。くちばしは、黒色の部分は成鳥とほぼ同じだが、幼鳥のくちばしの基部は白っぽい。越冬中に、だんだん目の周りから白くなっていき、全体に白い羽が目立つようになる。くちばしも、同じように黄色っぽくなっていく。

> 観察

食事の後は頭を背に乗せて休む

長い首を生かしてさまざまな植物を採食し、十分に食べた後は頭を背に乗せて休息する。北海道や東北地方の越冬地では餌付けをしているところが多かったが、近年は自然に任せて見守る方針に変え、自粛している地域もある。

越冬中は群れを作る

オオハクチョウは秋から春にかけて日本に渡来する冬鳥である。繁殖期は5月〜7月で、つがいで縄張りを形成する。1カ月ほど抱卵し、ふ化したヒナは2〜3カ月ほどで飛べるようになる。子育てはオスとメスで行い、親はヒナを守ろうとする本能が強い。しかし、繁殖地では4〜7個の卵を産んでいるのに、日本へ来たときには幼鳥の数が2〜4羽になっているものが多い。飛べるようになるまでの間に、天敵に狙われるなどして命を落としてしまったのだろう。

水辺にいる鳥

カモ目カモ科

オシドリ

鴛鴦 | Mandarin Duck

繁殖羽のときのオスは鮮やかで複雑な羽色に変わる。イチョウの葉に似た銀杏羽でオスとメスを見分けられる

オス

くちばしは紅色で先端は白色。アイリングも白い

アイリングからのびる白い線

メス

全体が灰褐色をしている

鳴き声
ビュ

日本一派手なカモ類

東北地方以南では留鳥、または冬鳥。東北地方以北ではほぼ夏鳥になる。湖沼、池、河川、渓流などの環境に生息する。日中は水面に樹木が覆いかぶさってできた木陰、水辺の樹上、水草の近くなどで休息していることが多い。餌付けされている地域や他のカモ類といるときには、明るい水辺に出ることもある。いずれの場合も夕方になると飛び立って、カシやナラの実がある採食場へ移動する。オスは繁殖期に彩り豊かな羽色に変わる。メスは全体が灰褐色で、アイリングからのびる白い線が特徴。繁殖地ではオスとメスで行動し、渓流沿いや、林内の池の近くにある大木の樹洞などに営巣。10個ほどの卵を産んだ後は、メスのみがヒナを育てる。

DATA

- 大きさ　全長45cm
- 生活型　留鳥または冬鳥
- 生息地　湖沼、池、河川、渓流
- 時期　　1月〜12月
- 鳴き声　オスはつぶやくように「ビュ」と鳴き、メスの鳴き声は逆に鋭く大きい。オスもメスも活動を始める夕方から鳴き始める。

見分け方

オスにはイチョウの葉に似た銀杏羽がある

繁殖期のオスの背中に立ち上がる橙色の羽は、三列風切の1枚。イチョウの葉のような形をしているので銀杏羽と呼ばれる。繁殖期を過ぎてエクリプスになるとメスのような灰褐色の羽色に変わる。ただし、オスの方が灰色味が強く、紅色のくちばしをしているので見分けられる。

水辺にいる鳥

カモ目カモ科

オカヨシガモ

丘葦鴨 | Gadwall

オス
鳴き声 クッ
頭から頸は褐色。目の後方は淡色に変わる
上面は褐色。胸は灰色と黒褐色の小紋模様
メス
メスはくちばしが淡橙色で、黒い斑がある

水辺にいる鳥

小群で夕方から活発に行動を始める

全国各地で見られる冬鳥。北海道北部では夏鳥。湖沼、池、河川、海岸、干潟などの水辺に生息する。小群でいることが多く、単独や大群になることは少ない。オスは胸まわりに小紋模様があるが、メスにはない。どちらも翼鏡部分は白い。メスはマガモ（P.157）のメスに似ているが、本種はくちばしが淡橙色で黒い斑点が不規則にある。繁殖期を問わず、オスとメスで鳴き声が違う。日中は逆立ちするとくちばしが水底につく程度の浅瀬で、水草や藻などを食べたり休息したりして過ごす。夕方から活動を開始し、水田や湿地などに飛んで移動し、イネ科の種子などを採食する。日中より夜間に活発に行動する鳥である。

産卵

営巣の仕上げに自分の羽毛を敷く

オカヨシガモの繁殖は、北海道の湿地帯の一部で夏鳥として少数だが確認されている。つがいにはなるが2羽で縄張りを持つのではなく、いくつかのつがいが集まった小群でまとまっていることが多い。湿地から少し離れた砂丘の草地に皿状のシンプルな巣を作り、自分の羽毛を少し敷いてから産卵する。メスは1度に8〜12個の卵を産む。

DATA

- ▶ 大きさ　　全長50cm
- ▶ 生活型　　冬鳥、一部夏鳥
- ▶ 生息地　　湖沼、池、河川、海岸、干潟
- ▶ 時期　　　10月〜4月
- ▶ 鳴き声　　オスは鼻にかかったような「クッ」と一声、もしくは数回続けて出す。メスは「ガー」と鳴く。

カモ目カモ科

ヒドリガモ

緋鳥鴨 | Eurasian Wigeon

オス

脇腹に見える白い部分は雨覆

オスメスともに鉛色で、先端のみが黒い

メス

成鳥オスは頭部から胸は茶褐色で、額から頭頂にクリーム色

全体が褐色

鳴き声 ピューユ

おでこのクリーム色が目立つ冬鳥

冬鳥として日本に飛来し、海岸や内湾、湖沼、池、河川など、比較的静かな水辺に生息している。寒さが厳しい北海道においては、冬よりも春と秋に多く観察できる。夕方から夜にかけて行動することが多いので、日中は湖沼で休息していることが多いが、陸に上がって採食もする。成鳥のオスは額から頭頂にかけてのクリーム色の部分が鮮明。顔から胸部までは茶褐色。目の後方部分に光沢のある緑色があるものもいる。体は全体に灰色と黒色で雨覆に白色の羽がある。メスは全体が褐色。くちばしはオスもメスも鉛色で先端部分のみ黒い。幼鳥は雨覆や脇腹が褐色。植物の種子やカモジグサなどの青草、海藻類を食べる。

水辺にいる鳥

DATA

- 大きさ　　全長49cm
- 生活型　　冬鳥
- 生息地　　海岸、内湾、湖沼、池、河川
- 時期　　　8月〜4月
- 鳴き声　　オスは「ピューユ」、メスは「ガッガー」と鳴く。

採食

食べ物探しは夕方から夜が多い

ヒドリガモは、湖沼で生活しているものは、夕方になると食べ物を探しに水田や河川へと移動する。海岸近くで生活しているものは、夜に海上へと出る。ノリなどの海藻を探してはくちばしでむしって食べる姿が見られる。またほかの淡水ガモ類よりよく陸に上がり、青草の葉や芽を食べる。また、夕方から夜によく鳴いているのが観察される。

カモ目カモ科

マガモ

真鴨 | Mallard

- メスは頭頂のみ黒っぽい
- 鳴き声 グェッグェッ
- メス
- 全体は褐色
- オス
- オスは頭部が光の当たり方で緑色に見える黒で、頸に白い頸輪
- オスの尾羽は外側に巻いている
- 胸は焦茶色で腹部は灰白色

外巻きになった尾羽が魅力的

主に冬鳥として渡来し、湖沼や池などの水辺で観察できる。沿岸や内湾、港、干潟などにいることもある。どちらかというと太平洋側よりも日本海側に渡来する数は多い。また一部には留鳥として国内で繁殖するものもいる。成鳥のオスは頸に白い頸輪がある。頭部は黒く、光の当たり方によって緑色や、青紫色にも見える。中央尾羽は黒色で外側に巻くのがオスの特徴。くちばしは黄色で足は赤橙色。メスは頭頂のみ黒っぽく、全体は褐色。くちばしは橙色で上嘴（じょうし）には黒色が多い。翼には2本の白線があり、飛ぶとよく目立つ。日中は休息していることが多く、採食の活動を始めるのは夕方から。落ちている穂やイネ科の植物の種子を食べる。

水辺にいる鳥

解説

カルガモとの交雑個体もいる

マガモとカルガモの交雑個体が近年増加していて、その交雑個体はマルガモと呼ばれている。マガモは、元々は北海道以北で繁殖していたが、徐々に本州でも繁殖するようになり、それにともなってカルガモとの交雑も増えてきた。また、マガモから作られたアオクビアヒルとの交雑個体もいて、識別が難しい個体もとても多く、分かりにくいことも多い。

DATA

- ▶ 大きさ　　全長59cm
- ▶ 生活型　　冬鳥または留鳥
- ▶ 生息地　　湖沼、池、河川
- ▶ 時期　　　9月～4月（冬鳥）、留鳥は通年
- ▶ 鳴き声　　鳴き始めだけ速いテンポで「グェッグェッ」と大きな声で鳴くこともあれば、カルガモとよく似た声でゆっくり鳴くこともある。

カモ目カモ科

カルガモ

軽鴨 | Eastern Spot-billed Duck

鳴き声 / グェッ グェッ

頭と過眼線、くちばし基部から目の線は黒褐色

くちばしの先が黄色い

頬と胸は淡褐色。上面と体下面は黒褐色で淡色の羽縁がある

水辺にいる鳥

くちばしの黄色い部分が目立つ鳥

全国で見られるが、地域によって留鳥、また冬鳥になる。北海道では大半が夏鳥。生息する環境は湖沼、河川、池、沿岸海域、港、水田地帯などが多い。オスとメスはほぼ同色で、成鳥と若鳥の違いも少ない。くちばしは黒く先が黄色で、最先端には黒斑があることも共通している。成鳥のオスは成鳥のメスと比べて体がやや大きく、顔の羽色がはっきりしていて上・下尾筒も濃いので識別はできるが、かなり難しい。繁殖期にはオスが小さい声で鳴きながら求愛ディスプレイを行う。つがいになった後は、市街地から山地にかけてある水辺のほとりの草地に営巣する。通常は日中に休息して夜間に植物の種子などの食べるために活動。市街地の川や公園の池などでは昼夜を問わず採食する。

DATA	
▶ 大きさ	全長61cm
▶ 生活型	留鳥または冬鳥、夏鳥
▶ 生息地	湖沼、河川、池、沿岸海域、港、水田地帯
▶ 時期	1月〜12月
▶ 鳴き声	「グェッグェッ」などの声でテンポの速い尻つぼみの鳴き方をする。ときおり逆にゆっくり鳴くこともある。

子育て

外敵に襲われることも

枯れ草や枯れ葉を使って皿状の巣を作る。座産には自分の腹部の羽毛を敷き、やわらかく整える。育雛期間は4月から8月頃まで。通常は10羽前後のヒナが孵化するが、カラスなどの外敵に襲われることもあり、若鳥まで育つヒナは少ない。

カモ目カモ科
ハシビロガモ
嘴広鴨 | Northern Shoveler

- 鳴き声：クスッ
- オス
- 成鳥オスは頭部が黒く緑や青紫の光沢がある
- 幅広いくちばし。オスとメスで色が異なる
- メス
- 胸は白く、腹は赤茶色
- 尾羽は外側は白っぽく中央が暗色
- 褐色で黒斑

極端に幅広いくちばしを持つ冬鳥

冬鳥として渡来し、基本的には湖や池、河川など淡水域で生活している。個体によっては渡来した直後に沿岸海域で生活するものもいるが、しばらくすると淡水域へと移動し、渡去までは海水域に来ることはない。和名の通りにほかのカモ類と比べ、くちばしがとても幅広いのが特徴。成鳥のオスの頭部は黒く、緑色や青紫色の光沢がある。肩羽や風切の黒色部分にも緑色の光沢が見られる。胸は白く、腹は赤茶色。メスは全体が褐色で黒斑がある。オスのくちばしは黒く、メスのくちばしは黒味のある淡橙色。光彩もオスは黄色でメスは茶色。若鳥のオスのくちばしと頭部はメスより黒い。プランクトンを好んで食べる。

水辺にいる鳥

採食

水面をぐるぐる回って採食する

採食時は水面に円を描くように泳ぎながら渦を作り、その中心へとプランクトンを集めるという、独特の動きを見せる。スコップのような形のくちばしを左右に振りながら集めたプランクトンを水ごと吸い込む。くちばしにある歯ブラシ状のものが、ろ過の役割をしていて、プランクトンなどの食べ物だけをこしとって、水はこぼれ落ちている。

DATA
- ▶ 大きさ　全長50cm
- ▶ 生活型　冬鳥
- ▶ 生息地　湖沼、池、河川、湿地
- ▶ 時期　　8月〜4月
- ▶ 鳴き声　春先の繁殖期になると、オスは鼻にかかったような声で「クスッ」と鳴く。メスはやや濁った声で鳴く。

カモ目カモ科
オナガガモ
尾長鴨 | Northern Pintail

- 上面は灰褐色で体下面は灰色。肩羽は黒と灰白色の長い羽
- 頭部は焦茶色。前頸から腹部は白く、後頸は黒褐色
- オス
- 全体的に黒褐色
- メス
- ほかのカモに比べて尾羽が長い
- 鳴き声 ピュルピュル

水辺にいる鳥

英名のとおり尾羽が長い

ほぼ全国で見られる冬鳥。湖沼、池、河川、内湾、沿岸などの環境でよく見られる。渡来したばかりの時期は海上にいて、徐々に内陸へ移動する。体上面はオスが灰褐色で、メスが黒褐色に褐色斑が混じり、淡色の羽縁が目立つ。名前のとおり尾羽が長く、オスは特に中央尾羽の2枚が伸びてとがっている。メスもほかのカモ類に比べて長い。オスは繁殖期になると中央尾羽を立てて求愛ディスプレイする。夜間に水田や湿地などで水草や植物の種子などを採食。水面で採食したり、逆立ちで水底で食べ物を探して食べたりすることもある。人間と接する機会が少ないため、怖がらずに近寄ってくることが多い。

DATA

- ▶ 大きさ　全長75cm（オス）53cm（メス）
- ▶ 生活型　冬鳥
- ▶ 生息地　湖沼、池、河川、内湾、沿岸
- ▶ 時期　10月〜3月
- ▶ 鳴き声　オスとメスの鳴き声は異なる。オスはコガモに似た鳴き声や、「ピュルピュル」という声を出す。

生活

ハクチョウ類に混じって餌付け地域にいる

本州中部以北のハクチョウ類の餌付けが行われている地域で、ハクチョウ類の中に、針のように長い尾羽を持つカモがいれば、それがオナガガモ。ハクチョウ類に混じって多数のオナガガモが生息するのが確認されている。また、餌付けされていないオナガガモは、夜間に水田や湿地へ移動して水草や植物の種子などを採食するが、餌付けされている場合は一日中そこで生活することも多い。

カモ目カモ科

コガモ
小鴨 | Teal

メス
- 全体的に茶褐色
- 基部に黄色味がある

オス
- 成鳥オスは頭部が茶褐色。目のまわりから後頭が緑色
- 体は灰色味があり、上面との境にある白い縦線が目立つ

鳴き声 ピリッピリッ

国内にいるカモ類の中では最小

日本へは冬鳥として渡来し、湖沼や池などの水辺で見かけることができる。中部地方よりも北の高原や北海道の湿原では夏鳥として飛来し繁殖するものもいるが、その数は少ない。日本で見られるカモ類の中では最も小さいため、成鳥オスはほかのカモ類との見分けがつきやすい。頭部は茶褐色。目のまわりから後頭にかけては緑色だが、光の当たり具合によっては黒や紫色にも見える。灰色の体には上面との境に横線に見える白の縦線がある。下尾筒に黄色の三角斑がある。くちばしは黒色。成鳥メスは全体に茶褐色でほかのカモ類のメスと似ている。くちばしは黒色で基部に少し黄色味がある。藻類、落ち穂、イネ科植物の種子を食べる。

水辺にいる鳥

生活

夕方になると採食場に現れる

群れで生活しており、夕方から活動を始める。日中は安全な場所で休息していることが多い。採食場としては石についた藻類を食べるのに川の浅瀬だったり、落ち穂のある水田、イネ科植物の種子がある畑。市街地の池にいるものは日中でも活動していることもある。

DATA

- ▶ 大きさ　全長38cm
- ▶ 生活型　冬鳥
- ▶ 生息地　湖沼、池、河川
- ▶ 時期　　8月〜5月（冬鳥）
- ▶ 鳴き声　オスは「ピリッピリッ」と2声で鳴くことが多い。メスの鳴き声はマガモの声と似ているがやや小さく鳴く。

カモ目カモ科

ホオジロガモ

頬白鴨 | Common Goldeneye

鳴き声 / ギィー

成鳥オスの頭と背は黒く、頬に大きな丸い形の白い斑がある

暗褐色や灰褐色

メス

下面は首から腹部まで白色、下尾筒と尾羽は黒色

水辺にいる鳥

黒い顔にある白く丸い斑が目印

日本では冬鳥として渡来し、内湾や港、河口、湖沼、河川など波が静かな場所で生活していることが多い。基本的には群れとなって行動するが、1羽や数羽だけでいるものもいる。成鳥オスの頭部は黒色で緑色の光沢がある。背は黒で、風切や雨覆は白色。下面は下尾筒と尾羽の黒色を除いて全体に白色。くちばしは黒く、虹彩は黄色。頬に丸い白斑があるのがオスの特徴で、メスにはない。メスは全体に暗褐色や灰褐色をしており、頸には白い頸輪状の斑がある。黒いくちばしの先は橙色に黒斑がある。若鳥は成鳥に比べて全体が淡色で、頬の斑や頸輪状の斑が鮮明ではない。甲殻類、軟体動物、魚類、海草、水草などを食べる。

DATA

- 大きさ　　全長45cm
- 生活型　　冬鳥
- 生息地　　内湾、港、河口、湖沼、池、河川
- 時期　　　10月～4月
- 鳴き声　　オスは春先になるとメスに向けて盛んに「ギィー」と鳴くが、濁った鳴き声なので波音があると聞き取りにくい。

生活

採食は小さな群れごとに行う

ホオジロガモは、移動や休息などのときは、多数が集まった大きな群れで生活しているが、食べ物を探し始めるときには大勢のままでは行動はしない。大きな群れは、少しずつばらばらとなり、最終的には小さな群れを作る。その群れごとに水中に潜って食べ物を探す。頻繁に潜水して、甲殻類、魚類、海草などを食べる。

カモ目カモ科

カワアイサ

川秋沙 | Common Merganser

- 鳴き声：グゥー
- オス：頭部から頸上部が黒く、緑色の光沢がある
- オス：胸から脇腹は白く、腹上部はピンク色がかっている
- メス：茶色頭部で、短い冠羽がある

のこぎり状の突起があるくちばしで魚を逃さない

全国で見られる冬鳥。北海道の東部では少数が留鳥になる。主な生息地は海岸、内湾、港、河口、湖沼、池、河川など。越冬中は群れで行動する姿を観察できる。西日本では淡水域に住むが、北日本では淡水域が凍結するため海水域にいることが多い。オスとメスは頭部の羽色で識別できる。メスは頭部が茶色く短い冠羽があるのが目印。オスのくちばしは赤く先端が黒い。採食のときには潜水し魚類を捕らえる。アイサ類はくちばしにのこぎりのような歯状突起があり、捕らえた魚類を逃さずしっかりくわえられる。アイサは漢字で「秋沙」と書き、万葉集にも登場することから、日本で長く親しまれてきたことがうかがえる。

子育て

メスが育雛し、背中に乗せることもある

カワアイサの営巣地は湖沼、池、川などの近くにある林の樹洞。または土手などにできた穴に巣を作る。10羽前後が孵化し、メスのみで抱卵と育雛を行う。巣立ち後の数日間は、親鳥の背にヒナが乗ることもある。オスはメスが抱卵と育雛を行う間、オスのみの群れを作って過ごす。

DATA

- 長さ：全長65cm
- 生活型：冬鳥、少数が留鳥
- 生息地：海岸、内湾、港、河口、湖沼、池、河川
- 時期：10月〜3月（冬鳥）
- 鳴き声：越冬中にオスはくちばしを上へ向け、小声で鳴きながらディスプレイする。繁殖初期にはオスとメスが同じ声で鳴きながら追尾飛翔を行う。

水辺にいる鳥

カイツブリ目カイツブリ科

カイツブリ

䴘 | Little Grebe

\鳴き声/
キュッ

顔から頸側は赤褐色。
黄白色の虹彩が映える

成鳥夏羽は体全体が
黒褐色。成鳥冬羽は淡
く変わる

水辺にいる鳥

水に浮いているように見える巣を作る

各地に生息する留鳥。ただし、東北地方以北と積雪の多い地域では漂鳥になる。平地から山地にかけての湖沼、池、河川、河口、内湾などに住む。オスとメスは同色。褐色の全体に対し、顔から頸の赤褐色が目立つ。くちばしは黒く、先端と基部の楕円部分は黄白色。繁殖期にはつがいになり、淡水域で縄張りを持って生活する。水草、杭、水面に垂れ下がった枝、アシの茎などを利用して作った巣は水に浮いているように見え、「䴘(にお)の浮き巣」と呼ばれる。採食のときは潜水して魚類を狙うほか、水面で昆虫類を食べることも。本種は日本で見られるカイツブリ類の中でも最小で、頸が短く尾羽もほぼない。大東諸島には亜種のダイトウカイツブリがいる。

DATA

- ▶ 大きさ　　全長26cm
- ▶ 生活型　　留鳥、漂鳥
- ▶ 生息地　　湖沼、池、河川、河口、内湾
- ▶ 時期　　　1月～12月
- ▶ 鳴き声　　平常時は細い声で「キュッ」と鳴く。繁殖期には昼夜を問わずけたたましいディスプレイの声を上げる。オスとメスで激しく鳴きかわすこともある。

子育て

親鳥はヒナを背に乗せて守る

浮き巣で孵化したヒナはすぐに泳げるが、小さい時期には親鳥の背に乗って過ごすこともある。巣の中だけでなく水上でも見られる光景。親鳥は外敵の接近などの危険を察知すると、ヒナを背中に乗せたまま潜水して逃げる。

カイツブリ目カイツブリ科

カンムリカイツブリ

冠鳰 | Great Crested Grebe

頭に黒い冠羽がある。顔から前頸は白色、後頸は褐色

上面は黒褐色で体下面は白色

鳴き声 ガァァアアア

夏は赤褐色の羽と黒い冠羽で華麗に彩る

各地で見られる冬鳥で、北海道では旅鳥になる。近年では本州以北で局地的に繁殖し、増加傾向にある。越冬期には沿岸、湖沼、池、河川などで見られる。オスとメスは同色。成鳥冬羽は黒褐色と白色で地味な印象だが、成鳥夏羽は顔に赤褐色と黒色の鮮やかな飾り羽が生え、頭部の冠羽も冬羽より長く伸びる。繁殖期にはオスとメスが向かい合い、頭を左右に振って鳴きかわす。オスは水草をくわえて求愛する。水草のある湖沼で営巣し、オスとメスが共同で育雛する。主な食べ物は魚類で、潜水して捕食する。外敵の接近などに驚いて逃げるときにも潜ることが多い。通常は水上で生活し、陸に上がることはまれである。

水辺にいる鳥

生活

ほかのカイツブリ類と混ざった群れを作る

冬は1羽から数十羽の集団で行動する。3月から4月の渡りの時期には、100羽を超える群れになることもある。ハジロカイツブリと混ざって群れをなす様子も観察された。本種は日本のカイツブリ類の中で最も大きいので、混在していても識別できる。

DATA

- 大きさ　　全長56cm
- 生活型　　冬鳥、旅鳥
- 生息地　　沿岸、湖沼、池、河川
- 時期　　　10月〜4月(冬鳥)
- 鳴き声　　越冬期では小さい声で「ガァァアアア」と鳴く。繁殖期にはオスとメスがディスプレイのため鳴き合う。オスは絞り出すような声で鳴くこともある。

コウノトリ目コウノトリ科

コウノトリ

鸛 | Oriental Stork

虹彩は、淡黄色で目のまわりは赤い

体の上も下も全体に白く、風切部分は黒

音 カタカタカタ…

水辺にいる鳥

国内では一度絶滅したが復活

現在、野生で見かけられるものはロシア極東から渡来してきたものだけ。かつては日本で繁殖していたが1960年代には日本から姿を消してしまった。増殖事業に力を入れてきた兵庫県豊岡市が2005年から試験放鳥を続けており、自然繁殖もしているので、それらが各地方でも見かけられるようになった。成鳥の太く長いくちばしは黒く、足は紅色。若鳥のくちばしは赤味があり、足も淡色をしている。一見するとツル類と似ているが、くちばしは大きくて黒く、足は全てが赤い。またツル類は木などには止まらないが、コウノトリはよく止まる。長い足で水辺を軽やかに歩いて、魚類、両生類、爬虫類などを丸のみにして食べる。

DATA

- 長さ　　全長112cm
- 生活型　冬鳥
- 生息地　兵庫県の水田、湖沼、河口、干潟
- 時期　　10月〜3月(冬鳥)
- 鳴き声　くちばしを小刻みにたたき合わせるクラッタリングと呼ばれる音を出す。

飛び方

翼を広げて空高く風に乗る

コウノトリは、全体は白いが風切が黒色なので、翼を大きく広げると白と黒のコントラストが美しい。羽ばたきながら飛翔をしたり、上昇気流を上手く利用しながら風に乗って、羽ばたかずに空高く上がって飛ぶ姿は、優雅さの中に力強さも感じさせる。くちばしを鳴らし、クラッタリングでコミュニケーションをとる姿も観察できる。

カツオドリ目ウ科

カワウ

河鵜 | Great Cormorant

全体は黒く見えるが、肩羽、雨覆、風切は茶褐色で黒い羽縁がある

くちばしが肉色で基部が黄色。若鳥、成鳥の虹彩は青緑色

鳴き声 グルルル

水辺にいる鳥

コロニーで繁殖し、隊列を組んで移動する

各地に生息する留鳥。東北地方以北では漂鳥。オスメス同色。体つきはどちらも全体が細長い。水に浮いているときは体の半分以上が水面下に沈んだように見える。くちばしをやや上に向けるしぐさが特徴。繁殖期には婚姻色に変わり、顔を囲む部分と腿に白い羽毛が生え、全体の黒色が濃くなる。公園、山地、島などの樹上などにコロニーを作って営巣。非繁殖期でもねぐらとして休息地になる。早朝に数羽から数十羽が隊列を作り、食べ物となる魚が多い採食場へ飛び立つ。ときには100羽を超えることもある。採食後に羽を乾かしたあと、再び隊列を作って戻る。同科のウミウ（P.168）と似ているが、本種の顔の白い部分は目より上にはいかない。

観察

水に濡れた翼を広げて乾かす

ウ類の翼はほかの水鳥に比べて水を弾く油分が少ないため、水を吸収して濡れやすい。採食のために潜水を繰り返した後は、羽を乾かすために石の上や消波ブロック、樹上などで休息する。大きな翼を広げて日光浴をする姿が見られる。

DATA	
▶ 大きさ	全長81cm
▶ 生活型	留鳥、漂鳥
▶ 生息地	内湾、湖沼、河川、池
▶ 時期	1月〜12月
▶ 鳴き声	集団生息地では、「グルルル」などのうがいのような声で鳴く。一方、飛翔中にはほぼ鳴かない。

カツオドリ目ウ科
ウミウ
海鵜 | Japanese Cormorant

顔の白い部分に皮膚が裸出した黄色い部分が入り込む。黄色い部分が丸いとカワウ

\ 鳴き声 /
グウゥウウ

体の大部分は緑色の光沢を帯びた黒色

水辺にいる鳥

鵜飼いに用いられるウ類の鳥

留鳥になる地域は、九州地方北部以北の日本海側から東北地方北部以北。他の地域では冬鳥だが、夏に残る個体もいる。岩棚、岩場のある海岸付近の海上に生息する。ごく一部の地域では河川に入ることもある。オスとメスは同色で識別はできない。どちらも繁殖期には頭、頸、腿に細く白い羽毛が生え、くちばしが黒味を帯びる。険しい岩場や小島などにコロニー兼休息場を作り、岩棚などに枯れ草や海藻を積み重ねて営巣する。通常は数羽から数十羽の群れで行動し、休息場から採食場となる海上へ向けて隊列を組んで飛ぶ。採食場でも集団で魚群を取り囲み、海中に潜って捕食。本種は岐阜県や京都府などで行われている鵜飼いに用いられることでも知られる。

DATA	
▶ 大きさ	全長84cm
▶ 生活型	留鳥、冬鳥
▶ 生息地	岩棚、岩場のある海岸付近の海上
▶ 時期	1月〜12月
▶ 鳴き声	集団生息地でカワウよりも濁った声で「グウゥウウ」と鳴く。単独でいるときや飛翔時にはほぼ鳴かない。

見分け方

顔と飛翔時の姿でカワウと識別可能

ウミウとよく似たカワウ（P.167）は、顔と飛翔時の姿で識別できる。顔の白い部分に黄色い部分がとがって入り込むのがウミウで、この黄色い部分がとがらず丸みがあるのがカワウ。また、飛翔時に翼が体の中央よりやや後方にあるのがウミウ、中央にあるのがカワウである。鳴き声は、カワウよりウミウの方が濁っている。

ペリカン目サギ科
ゴイサギ
| 五位鷺　| Black-crowned Night Heron

頭頂から上面は紺色で後頭に2本の白い冠羽がある

鳴き声 / ゴァ

額から目の上と喉から体下面は白く、雨覆は灰色

紺色の頭に長く白い冠羽を持つ

東北地方より南で年間を通して見かけることができる。東北地方より北の地域では夏鳥として渡来する。オスメスで羽色は同じ。成鳥夏羽は頭頂と背は紺色で、後頭に2本の長く白い冠羽がある。額から目の上までは白く、頬から頸の横と後ろは灰色。喉から体下面は白く、雨覆は灰色。ササゴイに比べて黒いくちばしの基部は太く、頸が短い。休息時には頸を縮めていることが多い。足は黄色っぽい。冬羽は夏羽とあまり違いはないが、くちばしの一部が黄色くなる。幼鳥は成鳥よりも全体が褐色で白斑がある。夕方や早朝に採食場へと向かい、魚類やザリガニ、カエルなどの獲物をじっと待ち伏せして、近づいてくると素早くくちばしで捕えて食べる。

水辺にいる鳥

子育て

林に作るコロニーは賑やか

群れで生活しており、平地から丘陵地にある林にコロニーを作って繁殖をする。繁殖が始まってヒナが誕生すると、コロニーは賑やかになる。親鳥たちの鳴き声に混ざって、あちらこちらでヒナや幼鳥がさわがしく鳴く声が聞こえる。

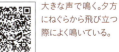

DATA	
▶ 大きさ	全長57cm
▶ 生活型	留鳥、夏鳥
▶ 生息地	湖沼、池、河川、海岸
▶ 時期	1月〜12月
▶ 鳴き声	1声ずつ「ゴァ」と短く区切って尻上がりの大きな声で鳴く。夕方にねぐらから飛び立つ際によく鳴いている。

ペリカン目サギ科

ササゴイ

笹五位 | Striated Heron

額から後頭、頬線が紺色にも見える青味のある黒色

鳴き声
キュウ

ほかの羽は紺や青の濃淡があり、各羽に白い羽縁がある

水辺にいる鳥

大きな体の魚とりの名人

春先に飛来する夏鳥。九州から本州の平野部や山地の水辺に生息する。沖縄など暖地においては冬鳥として越冬するものもいる。群れで行動するものは少ない。主に朝夕に活動するものが多い。体はハトよりも大きく、ほぼカラス大。黒くて長いくちばしを持ち、後頭部にある長く立派な冠羽が特徴的。夜間の飛翔中に「キュウ、キュウ」と鳴くことが多いが、日中でも樹木の上で鳴いている。飛翔時は頸を折り曲げながら飛ぶ姿が見られる。河川など水辺にある大木の上や竹藪などに枝を使って巣を作るが、住宅地の公園の樹木や街路樹などに巣を作ることもある。動物食で、主に魚類を食べる。

DATA	
▶ 大きさ	全長52cm
▶ 生活型	夏鳥
▶ 生息地	河川、水田、池
▶ 時期	4月～9月
▶ 鳴き声	聞く人の耳に鋭く響いてくるような、甲高く大きい鳴き声。1声ずつ「キュウ」「キュウ」と区切りながら鳴く。

採食

まき餌をして魚をキャッチ

川岸で背をかがめて獲物をじっと待ち伏せ、狙った獲物を一瞬のうちに長いくちばしでとらえる様子は見事。九州の一部には、あらかじめ小さな虫やパン屑、小枝や葉などをまき餌として水面に投げ、魚をおびき寄せるという行動も観察されている。

ペリカン目サギ科

アオサギ

蒼鷺 | Grey Heron

- 額から頭頂は白色。目の上から後頭は黒色の帯状
- 上面は青灰色。喉から前胸は白く、黒い縦斑が数本の線になる
- 鳴き声 ゴワッ
- 前縁と小翼羽が茶色だとムラサキサギ

繁殖期にはくちばしと足が婚姻色に変わる

全国各地の水辺に生息する留鳥、または漂鳥。オスとメスは同色。全体が灰色に見えるが、背と肩羽には灰白色、胸には白色の細長い飾り羽がある。後頭の黒色の冠羽は成鳥の特徴のひとつ。繁殖期になるとくちばしと足が赤い婚姻色に変わる。コロニーをつくり、高い木の枝上に皿状の巣を作る。地域によっては低木や地上に営巣する個体もいる。魚類、両生類、爬虫類、小型哺乳類、鳥類のヒナなどを食べる。長いくちばしで食べ物を挟むこともあれば、突き刺すこともある。非繁殖期は主に夕方から朝にかけて採食し、日中は群れで休息する生活サイクル。繁殖期はヒナに食べ物を与えるために日中でも採食する。

水辺にいる鳥

見分け方

スマートな外見はツルと間違えられることも

アオサギは大きい体とスマートな体型が特徴。足も頭も長いので、ツルと見間違えられることもある。また、上面の羽色が似ているムラサキサギもいるが、ムラサキサギは翼角部分に白斑がなく、翼の前縁と小翼羽が茶色なので識別できる。アオサギは上面が青みのある灰色をしているので、見分けがつく。

DATA

- ▶ 大きさ　全長93cm
- ▶ 生活型　留鳥、漂鳥
- ▶ 生息地　海岸、干潟、湖沼、池、河川、水田、湿地
- ▶ 時期　1月〜12月
- ▶ 鳴き声　夕方から明け方にかけて、飛び立つときや飛翔しているときなどに「ゴワッ」と大きい声で鳴く。しわがれた声を上げることもある。

ペリカン目サギ科

ダイサギ

大鷺 | Great Egret

全体に白色。冬羽では目先とくちばしは黄色だが、夏羽になると目先は青く、くちばしは黒くなる

鳴き声
ゴワッ

足は黒いが脛節と附蹠が部分的に肉色をしている

水辺にいる鳥

国内の白サギ類では一番大きい

本州から九州と広い範囲に夏鳥として渡来。平地から丘陵にある林にコロニーを作り、ほかのサギ類と混じって生活していることが多い。オスメスは同色。全体は白色で、国内で生息する白サギ類の中で一番大きいのが特徴。成鳥夏羽では、背には飾り羽がある。目先は青く、くちばしは黒色。冬羽になると目先とくちばしは黄色になる。

魚類、カエル、ザリガニなどを食べる。日本では、冬鳥として渡来し越冬する亜種ダイサギと、国内で繁殖する亜種チュウダイサギの2亜種が見られる。アオサギ（P.171）と比べて亜種ダイサギはやや大きく、亜種チュウダイサギはやや小さい。冬羽では亜種チュウダイサギの足は細めで、脛節は黒色。亜種ダイサギの足は太めで、脛節から附蹠までが肉色をしている。

DATA

- ▶ 大きさ　　全長88〜98cm
- ▶ 生活型　　夏鳥、漂鳥、一部冬鳥
- ▶ 生息地　　河川、湖沼、池、水田、湿地、河口、干潟
- ▶ 時期　　　1月〜12月
- ▶ 鳴き声　　飛び立つ際にしわがれた「ゴワッ」という鳴き声を出す。地上ではそれほど鳴かないが採食時に縄張り争いで「ガァァァ」と鳴くこともある。

シラサギ類の見分け方

大中小がいるシラサギ類

ダイサギのほかに、チュウサギとコサギ（P.174）がいる。チュウサギは夏鳥として渡来する野鳥で、コサギとダイサギの間くらいの大きさ。ダイサギとよく似た姿をしているが、ダイサギに比べて頸とくちばしが太く短いのが特徴。

採食

くちばしを器用に使い獲物を捕らえる

体に水がつかないような深さの水辺を採食場所にしている。長い足でゆっくりと歩きながら、ときどき立ち止まって水面をじっと見つめたりして食べ物となる魚類を探す。見つけるとくちばしで獲物を挟んだり、突き刺したりして採食する。採食場では、普通は1羽で縄張りをつくっているが、食べ物が豊富な場所では、数羽が集まって採食することもある。

水辺にいる鳥

産卵

サギ山で集団営巣

ほかのサギ類に混じって松林や竹林に集まってコロニーをつくり、樹上に営巣することが多い。繁殖期は4月〜8月で、年に1回繁殖を行う。1度に3〜5個の卵を産み、オスとメスが交代で卵を温める。このように集団で繁殖する場所は、「サギ山」などと呼ばれ、鳴き声の騒音や糞の悪臭などから、近隣の人々から迷惑がられることも多い。

コサギ

ペリカン目サギ科

| 小鷺 | Little Egret

全体は白色。成鳥夏羽には冠羽と胸、肩羽、背に飾り羽がある

鳴き声/ ガァー

くちばしは黒い。足は指が黄色で他は黒い

水辺にいる鳥

黄色い足指が目印になるサギ

本州から九州までの広い範囲の水辺で見かけられる留鳥。平地の林にコロニーを作り、早朝に隊列を組んで採食場へと向かう。食べ物となる魚が多い場所では群れで採食することもあるが、基本は1羽で採食するものが多い。繁殖期以外は1日のほとんどを採食場で過ごしている。オスメス同色。全体は白く、くちばしは1年中黒い。黒い足は指の部分だけが黄色いのが特徴でほかのサギ類との識別点になる。成鳥には後頭に2本の長い冠羽があり、胸や肩羽、背には飾り羽がある。冬羽では冠羽と飾り羽が一時的に短くなるので、夏羽の時のようには目立たない。幼鳥や若鳥には飾り羽はない。魚類以外に、ザリガニ、カエル、昆虫類なども食べる。

DATA

- 大きさ　　全長61cm
- 生活型　　留鳥または漂鳥
- 生息地　　河川、水田、湖沼、池、湿地、河口、干潟、海岸
- 時期　　　1月〜12月
- 鳴き声　　採食場での縄張り争いで威嚇の声を出す。他の白サギと違った喉から絞り出したように「ガァー」と大きな声で鳴く。

見分け方

チュウサギとは大きさ以外にも違いがある

本種より一回り大きい白サギ類にチュウサギがいる（全長68cm）。本種と同様にチュウサギの夏羽には胸と背に飾り羽があり、本種に比べると胸、背ともに長くて目立つ。また後頭に冠羽はなく、足は指を含めて全て黒い。チュウサギは水辺よりも草地を好む。

> 解説

シラサギと呼ばれる代表的なサギ

コサギは留鳥として各地に分布する鳥で、一般にはシラサギという呼び名で知られていることが多い。ほかのサギ類と一緒にコロニーを形成することもある。そのコロニーは「サギ山」と呼ばれる。コロニーから採食場へ飛んで行き、ヒナのために食べ物を捕るが、そのときは群れではなく、1羽で縄張りを持っているものが多い。

> 採食

工夫された食べ物の取り方

小さめの魚や水生昆虫類などを食べる。食べ物の取り方はたくさんあり、浅瀬を走り回って獲物を捕らえる方法と、水の中で足をふるわせて、泥の中の生き物を追い出す「追い出し漁」などと、いろいろある。ほかにも、翼を羽ばたかせて魚を驚かして捕まえたりすることもあるし、カワウが潜水して追い回した魚を横取りしたりすることもある。

水辺にいる鳥

ツル目ツル科
タンチョウ
丹頂 | Red-crowned Crane

＼鳴き声／
クルル

頭頂は赤く、額から顔前面と頸は黒色

頭下から尾羽までの体は白く、三列風切は黒い

水辺にいる鳥

白黒の中に頭頂部の赤が目立つ

北海道東部でのみ生息し、年間を通して見かけられる留鳥。明治時代に絶滅が危ぶまれたこともあったが、保護活動により絶滅は回避された。若鳥は数羽から十数羽で群れを作って生活しているが、やがてつがいを形成する。オスメス同色で違いは体の大きさのみ。オスはメスより体が大きい。頭頂部分には羽毛はなく裸出した皮膚が赤色をしている。額から顔の前面、頸までは黒く、尾羽のように見える三列風切も黒色。胸から体、尾羽は純白。くちばしは淡黄色で基部から中央までは黒味がある。長い足は黒色。幼鳥は全体に褐色で、2回目の冬期では翼の一部に黒い部分があり、3回目の冬期には黒色と白色とが鮮明になる。雑食性で魚類、穀物など何でも食べる。

DATA
- 大きさ　　全長140cm
- 生活型　　留鳥（漂鳥）
- 生息地　　湿原、干潟、草地、河川、湖沼、牧草地、畑
- 時期　　　1月〜12月
- 鳴き声　　よく響く甲高い声で「クルル」と鳴く。繁殖期にはオスとメスとの鳴き声が二重奏となって繰り返される。

生活

人里近くの場所で越冬する

タンチョウは、北海道の釧路湿原や根室地方、十勝地方の湿原などの人里近くで越冬し、その付近にある川の浅瀬をねぐらとする。北海道にはタンチョウの保護区があり、冬期間だけ給餌している場所もある。厳しい冬を越えると、やがてつがいになってその場所から離れていくが、つがいになれていない若鳥は離れるのが遅かったり、その付近に残るものもいる。

> 観察

求愛ダンスでつがいを維持

アイヌ語で「シルルンカムイ（湿原の神）」と呼ばれるタンチョウは、一度つがいを形成すると、一生涯連れ添うといわれている。オスとメスで交互に鳴く「鳴き合い」という行為をし、オスが先に「コー」と鳴くと、続いてメスが「カッカッ」と二声鳴く。このとき、つがいで向かい合い、互いを認め合う「求愛ディスプレイ」を頻繁に行う。翼を広げてジャンプする「求愛ダンス」もよく行うので、越冬地で観察することができる。

> 幼鳥の見分け方

姿が全く違う幼鳥

タンチョウの色合いといえば、白と黒と赤が印象的だが、幼鳥は全体的に淡褐色ではっきりとした色味がない。そのせいか、やはり幼く感じるが、成鳥になるにつれて、顔の前面と頬、頸側に黒色が少しずつ混じり、それと同時に褐色の羽も白く変わってくる。すると、徐々に大人びた感じになる。その後、3年ほどで黒色と白色が鮮明になるため、タンチョウは三才までの年齢は識別できるといわれている。

水辺にいる鳥

ツル目クイナ科

クイナ

秧鶏・水鶏 | Water Rail

顔や胸、腹は青灰色。脇腹から下尾筒までは白黒の横斑

鳴き声 キュッ

体の上面は茶褐色で黒の縦斑があるように見える

水辺にいる鳥

赤橙色のくちばしが目を引く鳥

東北地方より北の地域では夏鳥として、南の地域では冬鳥として越冬する。一年を通し、平地から低い山の水辺近くの草が生い茂った場所やアシ原などにいることが多い。赤橙色のくちばしと長い指を持つしっかりとした足が特徴的。短距離の飛翔時には足を垂らしたままにしている。オスとメスで羽色に違いはないため識別は難しい。繁殖期を除いて主に1羽で生活する。幼鳥は全体に褐色味があり、くちばしに赤味はなく黒っぽい。成鳥の夏羽と冬羽にはほとんど差がなく、夏羽では顔の青灰色が鮮やかだが、冬羽では青味が淡くなり、灰色に近くなる。昆虫類、甲殻類、軟体動物、魚類、植物の種子などを食べる。

DATA

- ▶ 大きさ　全長29cm
- ▶ 生活型　夏鳥（東北地方以北）、冬鳥（東北地方以南）
- ▶ 生息地　水辺の草地、アシ原、休耕田、水田
- ▶ 時期　1月〜12月
- ▶ 鳴き声　越冬中はやや高く短い声で「キュッ」と鳴く。繁殖期になると続けて鳴いたり、けたたましい鳴き声がよく響く。

観察

用心深いので姿を見かけるのは貴重

警戒心が強いため、草地やアシ原などの中に隠れていることが多く、見つけるのはなかなか難しい。だが、周囲に危険がないとわかれば、水辺へと出てきて採食したり、水浴びや日光浴などをしたりする姿が見られることもあるので、静かに観察するといい。

バン

鷭 | Common Moorhen

- 頭部から頸までは黒く、上面は緑色がかった黒色
- 鳴き声 キュル
- 体下面は灰黒色で脇腹に白い縦斑、下尾筒の両側は白色

水辺にいる鳥

額板とくちばしの赤色が鮮やかな鳥

本州北部より北の地域では夏鳥として、それより南の地域では年間を通して生息する留鳥。越冬する冬鳥として分布する場所もある。平地から山地にかけての水辺で主に生活しているが、警戒心が強く物音に敏感。人の気配があると草むらに隠れてしまうことが多い。だが、個体によって違いがあり、人が集まる公園の池などで生活し、その姿を普通に見かけることができるものもいる。オスメスとも羽色は同じ。成鳥は頭部から頸は黒く、上面は緑色味のある黒色。体下面は灰黒色で脇腹に白い縦斑がある。額板とくちばしは赤く、くちばしの先端のみ黄色。夏羽と冬羽で大きな変化はない。幼鳥は成鳥に比べて全体に褐色味がある。雑食性でさまざまなものを食べる。

観察

水面では水草の上を走る

採食も水草の上で行う

水草の上を軽快に走り回るのが得意。水辺で水草の上を走り回ったり、泳いだりしながら食べ物を探す姿を見かけることができる。雑食性なので、昆虫類や甲殻類、植物の種など動物質のものでも、植物質のものでも何でも採食する。

DATA

- ▶ 大きさ　全長32cm
- ▶ 生活型　夏鳥、留鳥、冬鳥
- ▶ 生息地　湖沼、池、河川、水田、湿地
- ▶ 時期　1月〜12月
- ▶ 鳴き声　繁殖期は甲高い声で「キュル」と鳴く。また飛翔中に鳴き声を出すこともあるが、普段は鳴くことは少ない。

| ツル目クイナ科 |

オオバン

| 大鷭 | Eurasian Coot

鳴き声
キュン

全体が黒い。上面には紺色みがある

額に盛り上がるような額板があり、この部分とくちばしは白い

水辺にいる鳥

全体に黒く白い額とくちばしが映える鳥

北海道では夏鳥で、本州以南では留鳥または漂鳥、南西諸島では冬鳥。平地から低山までの湖沼、池、河川、ハス田に生息する。成鳥は全体的に黒い。幼鳥や若鳥は顔から体下面が白っぽく、背が灰黒色で光沢もない。成長に伴い、徐々に全体が黒色に変わる。足指の水かきが両側に発達した弁足が特徴。繁殖期には脛節が橙色に変わり、大きな声で鳴いてアピールする。くちばしを開閉させて「カチカチ」という鈍い音を出すこともある。主食は水草の葉や根だが、昆虫類も食べる。越冬中は数羽から数十羽の群をつくる。ときには数百羽の大群になることもある。

DATA

- 大きさ　　全長39cm
- 生活型　　漂鳥、留鳥
- 生息地　　湖沼、池、河川、ハス田
- 時期　　　1月～12月
- 鳴き声　　通常はほぼ鳴かないが、繁殖期になると「キュン」などの短く甲高い大声を出す。くちばしを鳴らすこともある。

解説

警戒心が強く、危険を察したときは泳ぎ去る

オオバンはほかのクイナ類と同様に警戒心が強い。外敵の接近などの危険を察したときは、草むらや物陰に隠れるのではなく、すぐに泳いで遠ざかる。もともと水面上を泳いでいることが多く、地上を歩くことは少ない。

チドリ目チドリ科

タゲリ

田鳬 | Northern Lapwing

長い冠羽がある。頭は黒褐色で、上面は光沢ある緑色

胸に黒の帯、腹は白色。下尾筒は橙色

鳴き声 ミューウ

後頭部の冠羽が立派な冬鳥

東北地方北部より南に冬鳥として渡来。それより北の地域では旅鳥として見かけることもある。後頭の長く伸びた冠羽が特徴的。オスとメスで羽色はほぼ同じ。成鳥冬羽オスは頭頂から額まで黒褐色。顔は白っぽく、目の周りに黒線模様がある。上面は淡い紫や赤紫色の光沢のある緑色。くちばしは黒く、足は赤黒い。胸には黒帯があり、夏羽になると腹部の白色とのコントラストがより際立つ。喉部分も黒くなる。メスの頭頂や顔、胸の部分は褐色味が強く、冠羽は短い。若鳥は冠羽は短く、雨覆の淡色部分が多くある。昆虫類、ミミズ類、甲殻類を主に食べている。食べ物を探す際には地面をくちばしでつついたり、足でたたいたりして地表におびき出して採食する。

水辺にいる鳥

解説

渡来する場所により群れは変化する

タゲリは、日本へ渡来する際や渡去近くになると大きな群れとなっていることが多い。暖かい地域においては、渡来後しばらくすると大きな群れのままではなく、1羽〜数羽に分かれて生活をはじめる。積雪地など渡来した場所によっては、群れのままで越冬する。タゲリの特徴のひとつに、ふわふわとした独特の飛び方をすることも挙げられる。

DATA	
▶ 大きさ	全長32cm
▶ 生活型	冬鳥、旅鳥
▶ 生息地	水田、畑、河川、湿地、干潟
▶ 時期	10月〜4月
▶ 鳴き声	越冬中に飛び立つ際に鳴くことが多い。その声は丸みをおびていて、「ミューウ」と猫のような声を出す。

チドリ目チドリ科

イカルチドリ

桑鳴千鳥 | Long-billed Plover

- 額と眉斑が白で前頭が黒。黒褐色の過眼線は後頭へ続く
- コチドリよりもアイリングが細い
- 上面は淡褐色で体下面は白色。胸には黒い帯がある

鳴き声 ピユ

水辺にいる鳥

河川の環境を好み、砂礫地に営巣する

九州地方以北では留鳥、または漂鳥。鹿児島県奄美大島以南では少数だが越冬することもある。砂礫地がある河川、湖沼、池、水田などに生息する。河川の中流から上流の環境を好み、海岸近くに住むことはまれである。オスとメスはほぼ同色。成鳥夏羽のメスは、オスに比べて前頭の黒い部分が淡色になる傾向にある。繁殖期にはオスとメスとも鳴きながら求愛飛翔をする。つがいになった後は砂礫地に縄張りをつくって営巣する。非繁殖期は単独もしくは小群で生活し、川原や刈田などでさまざまな小動物を食べる。水際を移動するときは歩くことが多く、走る姿はほぼ見られない。

DATA

- 大きさ　全長21cm
- 生活型　留鳥または漂鳥
- 生息地　河川、湖沼、池、水田
- 時期　　1月〜12月
- 鳴き声　通常は「ピユ」と一声、または続けて鳴くことが多い。求愛飛翔中の鳴き声は、営巣地を飛びながら発する警戒声に似ている。

見分け方

翼帯の部分でほかのチドリ類と識別できる

ほかのチドリ科との共通点は多く、似ているのはコチドリとシロチドリ。翼帯が細ければイカルチドリ、はっきりしていればシロチドリ、なければコチドリである。本種はコチドリよりも、前頭と過眼線の黒色、胸の黒い帯や黄色いアイリングが細く淡いことが特徴。幼鳥はコチドリと間違えやすいが、本種のほうが大きく、くちばしが長いことで見分けられる。

チドリ目チドリ科

コチドリ

小千鳥 | Little Ringed Plover

- メスは過眼線と頸輪の黒色部分に褐色味がある
- 頭頂は暗灰色。上面は淡褐色で体下面は白い
- 前頭とくちばし、過眼線は黒く、頸輪状の白色がある

鳴き声：ピィ

顔にある黒色の線が個性的な夏鳥

早いと2月下旬から渡来するものもいるが、基本的には春先に九州より北の地域へと渡来する夏鳥。西日本より南の暖かい地域では少数だがそのまま日本に残り、越冬することもある。オスとメスで羽色にほとんど違いはない。成鳥夏羽は前頭と過眼線、くちばしが黒く、下嘴基部にわずかに橙色味があり、額が白い。喉から後頸は頸輪状に白く、その下の胸元は頸輪状に黒い。上面は淡褐色で体下面は白い。黄色のアイリングがある。足は黄色味のある肉色。メスは過眼線と頸輪部分の黒色に褐色味があり、胸の黒い帯はオスより細い傾向がある。冬羽は夏羽で黒かった部分が淡色になる。幼鳥は前頭に黒色がない。ユスリカ類など小型の昆虫類を好んで食べる。

水辺にいる鳥

観察

片足を震わせて水中の獲物を捕らえる

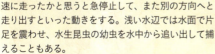

採食時は忙しそうに動き回る様子が見られる。急速に走ったかと思うと急停止して、また別の方向へと走り出すといった動きをする。浅い水辺では水面で片足を震わせ、水生昆虫の幼虫を水中から追い出して捕えることもある。

DATA

- ▶ 大きさ　全長16cm
- ▶ 生活型　夏鳥
- ▶ 生息地　河川、埋立地、造成地の砂泥地や砂礫地
- ▶ 時期　4月〜9月
- ▶ 鳴き声　「ピィ」と短い1声で普段は鳴くことが多い。繁殖期にはオスメスが営巣地の上空を飛びながら繰り返し鳴く。

チドリ目シギ科

タシギ

田鷸 | Snipe

- 頭や上面は褐色で頭央線、眉斑、目の下や頬線は黄白色
- 背と肩羽には黒斑がある。肩羽の外縁は黄白色
- ジシギ類の中では褐色味が強い

鳴き声 / ジェッ

水辺にいる鳥

ジシギ類の中で最も茶色な鳥

夏の暑い時期を除いて、水田や湿地などの水辺に生息する冬鳥または旅鳥。東北地方南部以南で越冬する。近年は大きな群れは見られず、せいぜい十数羽ほどであるが、中には群れに入らず1羽だけで生活するものもいる。4種いるジシギ類はよく似ていて尾羽の数以外での見分けは困難。オスとメスで羽色は同じ。ジシギ類の中でも全体に褐色味が強いが、翼下面は他のジシギ類より淡い。頭に黄白色の頭央線、眉斑、目の下の線、頬線がある。目先に太い黒褐色の線。背と肩羽は褐色で黒斑があり、肩羽の外縁は黄白色。尾羽の枚数は14枚の個体が多い。ミミズ類や貝類、甲殻類、昆虫の幼虫などを食べる。

DATA

- **大きさ** 全長26cm
- **生活型** 冬鳥、旅鳥
- **生息地** 水田、湿地、川原、池や沼の湿泥地、干潟
- **時期** 9月〜5月
- **鳴き声** 飛び立つ際はかすれた声で「ジェッ」と鳴く。飛翔中に尾羽を動かしながらヤギの鳴き声に似た声を出すこともある。

採食

採食場所には水気の多い所を好む

採食時も群れで行動するものもいる。湿泥地や水田などで、ミミズや貝などの食べ物を探す。4種のジシギ類の中でも、本種はほかのジシギ類と比べて、最も水気のある場所を選んで採食していることが多い。長いくちばしを泥の中へと差し込んで食べる。

チドリ目シギ科

オグロシギ

| 尾黒鷸 | Black-tailed Godwit

夏羽は頭部から胸までが赤褐色。冬羽は灰褐色。頭頂から後頸には黒色の縦斑

鳴き声 ケッケッ

腹は白色で、赤褐色と黒褐色の横斑がある

水辺にいる鳥

春よりも秋によく見かける旅鳥

全国各地で見られる旅鳥。主に水田、湿地、池、干潟、河口などに小群で立ち寄る。春よりも秋の渡りの時期に多い。また、春は太平洋側より日本海側のほうが多く、秋には逆になる傾向にある。夏羽ではオスはメスよりも羽色が濃く、頸の橙色味が強い。メスよりも体がやや小さめであることもオスの識別に役立つ。成鳥夏羽は頭部から胸が赤褐色だが、成鳥冬羽は灰褐色に変わる。幼鳥は頭部から胸にかけて橙色味のある灰褐色。いずれの年齢も翼の上面には白い翼帯があり、尾羽の大部分は黒い。また、上尾筒の中央の数枚は基部が白く、先端は黒い部分が大きい。淡水域では貝類、ミミズ類、昆虫類を好んで食べ、海水域ではゴカイ類や甲殻類なども食べ物とする。

観察

羽を逆立てる

食事中に背の羽を逆立てる特徴がある

本種はほかのシギ類に比べてくちばしと足が長いことが特徴のひとつ。湿地や河口の深いところへ行き、くちばしで底などを探って食べ物となる貝類などを食べる。特に深い場所では頭も水中に入れることもある。採食行動中は、背の羽を数枚ほど逆立てていることが多い。

DATA

- 大きさ　全長38cm
- 生活型　旅鳥
- 生息地　水田、湿地、池、干潟、河口
- 時期　4月～5月(春)、8月～10月(秋)
- 鳴き声　くぐもったような声で「ケッケッ」などと数回続けて鳴く。繁殖期には連続した大きなディスプレイの声を出す。

チドリ目シギ科

チュウシャクシギ

中杓鷸 | Whimbrel

くちばしは長く黒い。下に曲がっている

頭や上面は褐色で、眉斑と頭央線は白っぽく、羽縁は淡色

鳴き声
ピピピピ
ピピピ

腹は白っぽく、褐色の横斑が脇腹にある

水辺にいる鳥

下に曲がった長いくちばしが特徴の旅鳥

旅鳥として、日本へは春と秋に渡来し、海岸や河口、農耕地などに生息している。群れで行動しており、その規模は数羽のこともあるが、以前は数十羽から数百羽近い群れが見られた。近年は少ないものの、春の渡りの時期になると数百から数千羽以上が沖合を飛んでいるのを見かけることもある。オスとメスで羽色は同じ。頭部には褐色の頭側線があり、眉斑と頭央線は白っぽく目立つ。上面は褐色で羽縁は淡色。体下面は腹が白く、脇腹や腰、上尾筒、尾羽に褐色の横斑がある。長く黒いくちばしは下に曲がっている。足は灰黒色。幼鳥は成鳥の羽色とほとんど違いはなく、くちばしが短めで雨覆の羽縁のバフ色味が成鳥より強い。カニ、カエル、昆虫類などを食べる。

DATA

- ▶ 大きさ　　全長42cm
- ▶ 生活型　　旅鳥
- ▶ 生息地　　海岸の岩場、砂浜、干潟、河口、河川、農耕地
- ▶ 時期　　　4月〜5月(春)、7月〜11月(秋)
- ▶ 鳴き声　　「ピピピピピピピ」と大きな声の音色は美しく、7音に聞こえる。地上にいる時だけでなく、飛び立つ際にもよく鳴く。

採食

海水域で採食するのはほぼカニのみ

チュウシャクシギは、河川などの淡水域ではカエルやオタマジャクシを食べ、畑ではバッタをはじめとするさまざまな昆虫類を採食している。しかし、海岸など海水域においてはカニ以外の獲物をとることは少ない。砂や泥の穴に長いくちばしを差し入れ、器用に引っ張り出して採食する。

チドリ目シギ科

クサシギ

草鷸 | Green Sandpiper

上面は緑色味のある灰褐色。羽縁に白色と黒褐色の斑

頭頂から頸まで白地に灰褐色の縦斑が密にある

＼鳴き声／
キュピィ

水辺にいる鳥

渡りも越冬も単独行動が多い

全国各地で見られる旅鳥。関東地方以南では少数が冬鳥になる。河川、湖沼、池などの泥池、水田地帯の小川、用水路、湿地などに生息する。オスとメスは同色。どちらも虹彩が黒く、目先とアイリングが白い。くちばしは黒色で基部が淡色。上面は成鳥夏羽が灰褐色で、成鳥冬羽に変わると暗灰褐色になる。幼鳥は成鳥冬羽に似ている。いずれの年齢も飛翔時に腰の白い部分が目立つ。渡りの時期も越冬中も単独で行動することが多い。同じ場所に2〜3羽いることはあるが、群れは作らない。水深の浅い場所で昆虫類、甲殻類、タニシなどを採食する。休息中でも羽づくろいをしては体を上下に動かす。

見分け方

クサシギ・タカブシギ・イソシギはよく似ている

クサシギは目の前方だけに白線があり、ほかの2種の白線は眉斑状になっている。飛翔時の翼下面は、クサシギは黒く、タカブシギ（P.188）は白っぽい。イソシギ（P.189）は灰黒色で、中央部分が白い翼帯に見える。飛び立つときの鳴き声も違い、クサシギは「キュイ、キュイ、キュイ」と連続で鳴き、タカブシギは「ピピピ…」、イソシギは「チリィー」と鳴く。

DATA

- ▶ 大きさ　　全長22cm
- ▶ 生活型　　旅鳥、冬鳥
- ▶ 生息地　　河川、湖沼、池、小川、用水路、湿地
- ▶ 時期　　　1月〜5月、9月〜12月
- ▶ 鳴き声　　「キュピィ」と鋭い響きの一声を上げる。2〜3回繰り返して鳴いた後、飛び立っていくこともある。繁殖地では賑やかにディスプレイする。

チドリ目シギ科
タカブシギ
鷹斑鷸 | Wood Sandpiper

夏羽の頭は白色に褐色の縦斑、上面は灰黒色に白黒の斑

眉斑とアイリングは白い

鳴き声 ピィピピ

体下面は腹から下尾筒は白く、脇腹には褐色の横斑がある

白と黒を全身にちりばめた旅鳥

旅鳥として春と秋に飛来し、水田や河川、湖などの淡水域で数羽で群れを作っているのを見かけることが多いが、春の渡りで100羽ほどの群れになることも。海水域にいることはほとんどない。関東地方より南の暖かい地域では越冬するものもいるが、ごく少数に限られる。オスとメスで羽色は同じ。成鳥夏羽は頭から頸が白色に褐色の縦斑。上面は灰黒色に白と黒の斑が密にある。体下面は白色に褐色の縦斑、脇腹には褐色の横斑。眉斑とアイリングは白く、黒いくちばしの基部と足は黄緑色。冬羽の体下面は縦斑がほとんどなくなり、上面は淡灰褐色で各羽縁は淡色になる。幼鳥は成鳥冬羽と似ているが、上面の灰褐色と白の羽縁斑がより強くなっている。昆虫類、甲殻類、軟体動物を食べる。

DATA
- 長さ　全長20cm
- 生活型　旅鳥
- 生息地　水田、湿地、河川、湖沼、池
- 時期　4月〜5月(春)、8月〜10月(秋)
- 鳴き声　鳴くのは飛び立つ際が多く、「ピィピピ」と鳴く。1羽だけで鳴くのではなく数羽でお互いに鳴き合う。

採食
体を上下に動かして食べ物を探し歩く

タカブシギは、水深の浅い場所や泥池などで採食をする。体を上下に動かしながら採食場を歩き回り、くちばしで水中や泥の中を探って昆虫類、甲殻類、軟体動物などの食べ物を捕える。1羽だけで行動していることは少なく、採食時も数羽から多くなると十数羽の群れでいることが多い。

チドリ目シギ科

イソシギ

磯鷸 | Common Sandpiper

頭頂からの上面は暗緑褐色。黒褐色の軸斑がある

鳴き声 ピイー

胸は灰褐色。胸下部から下尾筒は白く胸側にも入り込む

水辺にいる鳥

空中と地上でディスプレイする

全国で見られる留鳥。中部地方の北部以北では夏鳥、南西諸島では冬鳥になる。生息地は海岸、河川、湖沼、水田、河口、干潟などの水辺。オスメス同色。どちらも黒い虹彩と白いアイリングを持つ。くちばしは黒褐色で肉色の部分もある。幼鳥は成鳥に比べて、羽縁のバフ色や黒斑が目立つ。繁殖期にはディスプレイ飛翔をしながら早いテンポで鳴き、地上でアピールするときは翼を持ち上げて同じように鳴く。繁殖期はつがいで生活するが、非繁殖期は通常、単独で過ごす。食べ物は水面を飛びかうユスリカや、水中にいる水生昆虫の幼虫。ときには魚類、トンボやハエなどの昆虫類も食べる。

見分け方

腰を上下に振って歩く姿がユニーク

イソシギは腰を上下に振りながら、水辺を歩き回って採食する。また、移動するときにも、翼を小刻みに震わせるような特徴的な飛び方をする。この飛行は、ほかのシギ類との識別に役立つ。そして、体下面の白い部分が胸側まで入り込んでいるのはイソシギだけ。「磯鷸」という名前なので、海辺をイメージするが、実は、海辺よりも淡水域で生活していることの方が多い。

DATA	
▶ 大きさ	全長20cm
▶ 生活型	留鳥、夏鳥、冬鳥
▶ 生息地	海岸、河川、湖沼、水田、河口、干潟
▶ 時期	1月〜12月
▶ 鳴き声	夕暮れによく鳴く傾向があり、「ピイー」という声を聞くことができる。繁殖期には鳴き声のテンポを早めて繰り返し鳴く。

チドリ目シギ科

キョウジョシギ

京女鷸 | Ruddy Turnstone

- 頭部から後頭、頸側は白色。頭頂に黒色と褐色の斑
- 上面は茶色で黒い羽が不規則に入る

＼鳴き声／
キョッ

水辺にいる鳥

茶色、白色、黒色からなる羽色が特徴

主に本州中部以南で春と秋に見られる旅鳥。東海地方以南では越冬する個体もわずかに生息する。海岸の砂浜、岩場、干潟、河口、河川、水田などの環境を好む。オスとメスはほぼ同色。飛翔時には茶色、白色、黒色の羽色がはっきり見え、ほかのシギ類との識別は容易である。成鳥夏羽のメスは頭や顔に褐色味があり、肩羽などの茶色の部分がオスよりやや薄いことが特徴。幼鳥は頭部から上面が暗褐色。5月頃にディスプレイのさえずりを聞ける。渡りの時期には数羽から十数羽の小群で行動することが多い。その一方、採食はばらばらに行い、短いくちばしを器用に使って貝類などを捕らえる。

DATA

- ▶ 大きさ　　全長22cm
- ▶ 生活型　　旅鳥
- ▶ 生息地　　海岸の砂浜、岩場、干潟、河口、河川、水田
- ▶ 時期　　　9月～5月
- ▶ 鳴き声　　濁った声で「キョッ」や「ゲレゲレ」などさまざまな鳴き声を出す。5月頃にはディスプレイのためにやや長めに鳴く。

採食

くちばしで小石をひっくり返して食べ物を探す

キョウジョシギの主な食べ物は貝類や昆虫類、甲殻類。水辺の岩場を活発に動き回り、小石や木片、海藻などをくちばしでひっくり返して探すしぐさが特徴。英名はこのしぐさから付けられた。また、二枚貝を器用に開いて身を食べる。

チドリ目シギ科

オバシギ

姥鷸 | Great Knot

頭から頸、背は灰褐色。背には白と橙色の斑がある

鳴き声 キュキュ

顔から胸にかけて白く、黒褐色の縦斑が密集している

小群で行動していることが多い

春と秋に各地で見られる旅鳥。干潟、河口、水田、河川、海岸の砂浜や岩場などの環境を好む。常に数羽から数十羽の群れで行動するため、単独でいることは少ない。オスとメスは同色で、成鳥夏羽は背の白と橙色の斑がある羽が特徴。成鳥冬羽は上面が黒灰色になる。くちばしは黒く、足は緑色がかった黒色。食べ物は生息地によって変わるが、貝類やゴカイ類などをよく食べる。採食するときも群れで集まって行動する一方、食べ物を取り合って小競り合いが起きることもある。小さい声で「キュキュ」と鳴いて相手を牽制するが、単独になったりばらばらになったりすることは少ない。

水辺にいる鳥

採食

くちばしで貝類などを掘り出す

オバシギは、岩場や砂浜では主に貝類、干潟や河口ではゴカイ類や甲殻類、貝類などを採食することが多い。水田にいるときはタニシなどが主食になる。くちばしで獲物を掘り出して食べる。貝類や甲殻類などの硬いものもそのまま飲み込む。

DATA

▶ 大きさ	全長27cm
▶ 生活型	旅鳥
▶ 生息地	干潟、河口、水田、河川、海岸の砂浜や岩場
▶ 時期	4月〜6月(春)、8月〜10月(秋)
▶ 鳴き声	「キュキュ」という鳴き声は近距離でなければ聞き取れないほど小さい。相手を牽制するときにも声を出す。

チドリ目シギ科

トウネン

当年 | Rufous-necked Stint

- 羽縁は白っぽい
- 成鳥夏羽は頭部から胸は赤褐色で、頭頂から後頸は黒の縦斑
- 腹から下尾筒までは白色

鳴き声 プリィ

水辺にいる鳥

夏羽は茶褐色が鮮やかな旅鳥

旅鳥として日本へは春と秋に渡来し、海岸の砂浜や干潟、河口、水田などで見かけることができる。群れで行動しているが、ひとつの群れに集まる数は多く、大きな群れでは数千羽になることもある。かつては数万羽の群れも見られたが、近年はその数は減り、数百羽単位での群れは多いほうで、数羽から数十羽で群れていることが多い。オスとメスで羽色はほぼ同じ。成鳥夏羽は頭から胸、背や肩羽などの上面は赤褐色で黒い軸斑がある。羽縁は白っぽい。冬羽は頭からの上面は灰色。背や肩羽にある黒の軸斑は夏羽よりも細くなる。くちばしや足は黒色。幼鳥は頭から上面は淡褐色で、肩羽、雨覆などの羽縁が淡い黄褐色。甲殻類、貝類、昆虫類などを食べる。

DATA

- 大きさ　全長15cm
- 生活型　旅鳥
- 生息地　海岸の砂浜、干潟、河口、水田、湿地
- 時期　　4月〜5月(春)、7月〜10月(秋)
- 鳴き声　小さい体ながらも、体の大きさに負けず鳴き声は大きく、「プリィ」と鳴く。飛び立つ際や採食中にさまざまな声を出して鳴く。

観察

くちばしを下に向けたまま食べ物を探す

休息していた場所から採食場所へも群れとなって飛んで行く。干潮時の干潟や休耕田など水深の浅い場所、河川や池などの乾きかけた泥池が主な採食場所。くちばしを下に向けたまま足早に歩いて食べ物を探し回る姿を観察することができる。

チドリ目シギ科
ハマシギ
浜鷸 | Dunlin

上面も夏羽は茶色、冬羽は灰褐色

額から頭頂は夏羽では淡い茶色、冬羽では灰褐色

黒くて長いくちばしは、先端部分が少し下に曲がっている

\鳴き声/ ピリー

大きな群れで行動する旅鳥

日本へは旅鳥あるいは冬鳥として渡来し、干潟や海岸、河口、水田などの水辺で見られる。基本的に群れで行動しており、多い群れではその数が1000羽以上にもなる。オスとメスで羽色は同じ。夏羽と冬羽で違いがある。成鳥夏羽の額から頭頂までと上面は淡い茶色に黒い斑。顔から胸は白っぽく黒褐色の縦斑がある。腹部は黒色。冬羽は夏羽で茶色だった部分が灰褐色になる。喉から下尾筒までは白く、胸には灰褐色の縦斑があり、腹部の黒は夏羽のようには目立たない。黒くて長いくちばしは先端部分にかけて少し下に湾曲しているのが特徴。幼鳥は成鳥夏羽に近い黄褐色をしている。貝類、ゴカイ類、甲殻類、昆虫類などを食べる。

水辺にいる鳥

採食

採食場にはいろいろある

生息場所によって採食するものは違ってくる。海岸付近にいるときには、干潟や海岸の砂浜、岩の上を積極的に動き回って貝類やゴカイ類などを探しては食べる。淡水域においては、浅い水中に入って陸生貝類、ミミズ類、昆虫類の幼虫などを採食する。

DATA	
▶ 大きさ	全長21cm
▶ 生活型	旅鳥または冬鳥
▶ 生息地	干潟、河口、汽水湖、海岸の砂浜、岩場、水田、湿地、河川、湖沼、池
▶ 時期	8月〜9月(旅鳥)、10月〜5月(冬鳥)
▶ 鳴き声	「ピリー」という鳴き声。繁殖期を除くと途切れ途切れでかすれたような声で鳴くことが多い。

チドリ目カモメ科

アジサシ

| 鯵刺 | Common Tern

夏羽は頭が黒く顔が白い。冬羽は額が白い

上面は青味がかった灰色。喉から胸は淡い灰色

頭から後頭は黒く、頬や頸は白い

鳴き声 キュッ

水辺にいる鳥

春と秋には海沿いで大群が見られる

春と秋に国内へ渡来する旅鳥。まれに少数が越夏し、繁殖した例が観察されたこともある。海上、海岸、干潟、河口などの環境を好む。秋の渡りの時期は、海岸や干潟、河口などにいることが多い。海に近い池や河川で多数が休息していることもある。オスとメスは同色。成鳥夏羽は頭が黒く顔が白い。成鳥冬羽は額が白く変わる。主な食べ物は魚類。アジサシによく似た別亜種のアカアシアジサシがまれに渡来することもある。本亜種に比べて全体が淡色なので見分けられる。しかし、幼鳥によく似た別種のキョクアジサシを識別するのは難しい。

DATA

- ▶ 大きさ　　全長36cm
- ▶ 生活型　　旅鳥
- ▶ 生息地　　海上、海岸、干潟、河口
- ▶ 時期　　　5月〜6月(春)、8月〜10月(秋)
- ▶ 鳴き声　　「キッ」や「キュッ」などの短い声で1回、もしくは数回続けて鳴く。

※鳴き声の音声はコアジサシのもの。

解説

大群が見物のアジサシ

旅鳥のアジサシは、ユーラシア大陸の中部や北米大陸の中東部で繁殖し、南半球のオーストラリアや南米などで越冬する。日本には春と秋の渡りの時期に渡来し、海岸や砂浜でよく観察される。特に春の渡りの時期は、数百羽の群れになって沖合を北上する。

> 見分け方

コアジサシの見分け方

アジサシと同じようにオスメス同色だが、全長は24cmと、アジサシよりもかなり小さい。アジサシとコアジサシの違いはくちばしの色で、コアジサシのくちばしは黄色いが、アジサシは黒い。大きさもかなり違うので、識別はそう難しくない。

夏羽は額が白い

くちばしは黄色で先端が黒い

コアジサシ

> 観察

海苔養殖の竹竿で休息することもある

アジサシとコアジサシは同じような行動をする。両種とも、水面から5〜6mの上空を飛び回り、ときには停空飛行で獲物の魚類を探す。見つけると勢い良くダイビングして捕らえる。ときおり内湾や海岸にある杭やブイで休息。海面に突き出た海苔養殖の竹竿などを利用して休むこともある。

コアジサシ

水辺にいる鳥

コアジサシの生態

本州以南で繁殖する夏鳥で、海岸や河川などの砂地や、小石があるような広い埋め立て地などにコロニーを作って集団で営巣する。浅いくぼみを作って、貝殻などを敷いただけの巣に卵を産む。繁殖地に天敵が近づくと一斉に飛び立ち、急降下して威嚇するという行動を協力して行う。採食行動などはアジサシと同じ。「キリキリ」などと鳴く。

チドリ目タマシギ科

タマシギ

玉鷸 | Greater Painted Snipe

メス

成鳥メスのアイリングとその後方は白色

鳴き声
コゥ コゥ コゥ…

頭部から胸にかけて黒褐色

オス

メスは顔から胸まで赤褐色で上面は緑味のある灰褐色

水辺にいる鳥

オスよりメスの色合いが鮮やか

年間を通して主に関東地方より西で見かけることが多い留鳥または漂鳥。まれに東北地方で見かけることもある。水田や休耕田、河川などの淡水域に生息する。繁殖期を除いては小さな群れを作って行動し、休息場所として川の中州や湿地にいることが多い。活動は主に朝夕で日中はほとんど休息している。成鳥オスの頭部から胸にかけては黒褐色、上面は褐色味が強く、全体的に地味な印象。アイリングとその後方は淡黄色。メスは額から胸にかけてはやや紫色味のある赤褐色。上面は緑がかった褐色で光沢がある。腹部から下尾筒までは白色。肉色のくちばしは先端が赤く、足は緑黄色。甲殻類、貝類、昆虫類などの動物質だけでなく、水草などの植物質のものも食べる。

DATA

- 大きさ　全長24cm
- 生活型　留鳥または漂鳥
- 生息地　水田、休耕田、河川
- 時期　　1月〜12月
- 鳴き声　繁殖期のメスが「コゥコゥ」と鳴く。鳴き出しは唸るような低い声で、やがてゆっくりしたテンポで鳴き続ける。

子育て

抱卵も子育てもオスが行う

タマシギのメスは1羽のオスとだけ繁殖するのではなく、一妻多夫なのが特徴。メスは産卵すると次の繁殖のためすぐに、次のオスの元へと向かってしまう。卵を抱いて温めて守るのも、生まれたヒナを育てるのも、メスはいっさい行うことはなく、全てオスの役割となっている。そうしてメスはまた新たなオスとの卵を産み、繁殖を行う。

タカ目タカ科

トビ

鳶 | Black Kite

全体は茶褐色で淡褐色の軸斑

\鳴き声/
ピーヒョロロ

下面も茶褐色で初列風切の基部は白く目立つ

国内のさまざまな場所に生息

海沿いから標高のある山までのさまざまな場所に生息している留鳥。南西諸島においては、ごくまれに冬鳥として飛来することもある。繁殖期以外は群れで行動しているが、繁殖期になるとつがいで行動し、巣作りは高木の枝上に行う。オスとメスで羽色は同じ。成鳥は全身が茶褐色で、淡褐色や白色の斑がある。くちばしは黒く、基部は白っぽい。尾羽は淡褐色に褐色の横斑がある。静止時には尾羽の中央が凹んだ形になるが、飛翔時には尾羽は広がり、三味線のばちに似た形となる。また下面の初列風切基部にある白斑も翼を広げると目立つ。幼鳥の胸から腹部にかけての縦斑は白っぽい。動物の死骸から生ゴミなどいろいろなものを食べる。

水辺にいる鳥

採食

空に円を描きながら食べ物を探す

休息も採食も群れで行動するので、朝方になると食べ物を探しにねぐらから一斉に飛び立つ。地上にある食べ物を探す際は、数羽から数十羽で上空に円を描きながら飛ぶのが普通。見つけると次々に急降下して捕える。

DATA

- ▶ 大きさ　　全長60cm
- ▶ 生活型　　留鳥
- ▶ 生息地　　海、河川、湖沼、農耕地、市街地、森林
- ▶ 時期　　　1月〜12月
- ▶ 鳴き声　　口笛のように遠くまで通る高い声で「ピーヒョロロロ」とよく鳴く。威嚇時には鋭い声を出す。

タカ目タカ科

オジロワシ
尾白鷲 | White-tailed Eagle

鳴き声
カッカッ…

上面と下面は褐色。背や雨覆の羽縁は淡色になる

頭部から頸、胸は白っぽい淡褐色。虹彩とくちばしは淡黄色

水辺にいる鳥

成鳥羽になるまで6年ほどを要する

全国に渡来する冬鳥だが、東北地方以北で特に多く見られる。北海道では少数が留鳥。沿岸海域、海岸近くの林、草原、牧草地、河川、湖沼、池、水田地帯などの幅広い環境に生息する。オスとメスは同色。幼鳥と若鳥には個体変異があり、黒褐色が強かったり、淡色の部分が多かったりする個体もいる。

成鳥と比較した各年齢の特徴として、幼鳥の尾羽は褐色部分が多く、年齢を重ねるほどに白くなる。また、多くの若鳥は成鳥と幼鳥の中間的な羽で、特に翼の下面に白い部分が見られ、その後白い部分がなくなる。完全な成鳥羽に変わるまでには6年を要するとされる。年間を通してつがいで行動を共にするが、非繁殖期には群れで過ごすことが多い。

DATA
- ▶ 大きさ　　全長89cm
- ▶ 生活型　　冬鳥、留鳥
- ▶ 生息地　　沿岸海域、海岸近くの林、草原、牧草地、河川、湖沼、池、水田地帯
- ▶ 時期　　　11月～4月(冬鳥)
- ▶ 鳴き声　　主に争いや威嚇のときに「カッカッ…」と早口で鳴く。しわがれた大きな声が特徴である。

採食

主に魚類を食べるが鳥類を狙うこともある

主に魚類を食べる。自力で捕らえることもあれば、漁船から落ちた魚を狙うこともある。海岸近くで魚類が獲れないときは、カモメ類を襲うこともある。河川や湖沼ではカモ類も捕食する。

ブッポウソウ目カワセミ科

ヤマセミ

山翡翠 | Crested Kingfisher

鳴き声
ケッ

頭に冠羽を持ち、尾羽までの上面は白と黒の鹿の子模様

体下面は白く、顎線と胸に黒斑、脇腹に黒色の横斑

白黒の鹿の子模様が鮮やか

海岸から低地にある河川や湖沼、池などに生息している留鳥。群れで行動することはなく、1羽あるいはつがいで生活する。オスとメスの羽色はほぼ同じ。頭には立派な冠羽があり、上面の鹿の子模様になった白と黒のコントラストが美しい。下面は白く、顎線は黒い。胸に黒斑と、脇腹にも黒色の横斑がある。成鳥オスは胸の部分が淡い橙色だが、メスにはない。メスは下雨覆の一部と腋羽が淡い橙色をしている。幼鳥は脇腹が淡い錆色で黒い横斑ははっきりしない。ホバリングして魚類を捕らえて食べる。北海道には亜種エゾヤマセミが生息しており、本種よりも体は若干大きくて羽色は全体に白味があるが、ほとんど識別できない。

水辺にいる鳥

子育て

土の壁に穴を掘って巣を作る

巣作りは、川岸や土砂採取場跡などの土が豊富にある場所を選び、土の壁に横穴を掘る。ある程度決まった時間になると水辺へと行き、水面近くを停空飛行しながら、魚を見つけると水中に頭から突っ込んで捕らえる姿が見られる。

DATA	
▶ 大きさ	全長38cm
▶ 生活型	留鳥または漂鳥
▶ 生息地	河川、湖沼、池
▶ 時期	1月〜12月
▶ 鳴き声	基本的な鳴き声は短く、「ケッ」と1声ずつ区切って鳴くことが多い。繁殖期の鳴き声は大きく、オスメスで鳴きかわす。

ブッポウソウ目カワセミ科

カワセミ

| 翡翠 | Common Kingfisher

オス

鳴き声
チツ

メスはオスに比べると全体がわずかに淡色

メス

オスのくちばしは黒く、メスは下嘴(かし)が赤っぽい

頭は黒褐色で青色の斑がある。喉や耳羽後方は白い

胸から下尾筒は赤橙色。背から上尾筒は光沢のある青色

水辺にいる鳥

水辺の宝石と呼ばれる羽色の持ち主

全国に生息する留鳥、または漂鳥。海岸から低山までの河川、湖沼、池などの環境に住む。オスとメスはほぼ同色。メスはわずかに全体が淡色で、上嘴(じょうし)が黒く下嘴が赤橙色の傾向にある。成鳥の風切は黒色で、全ての外弁が青色なのが特徴。光の当たり具合で緑色や青色に見えることから「水辺の宝石」とも呼ばれ、「翡翠」をカワセミと読ませる。繁殖期にはオスが鳴きながらメスを追って飛び回る。池の岸、川岸の土手、土山などに、垂直な土壁に横穴を掘って営巣。縄張り性が強く、非繁殖期は単独で生活する。ホバリングから水中に飛び込んで、魚類や水生昆虫類を採食する。決まった休息場と採食場があり、通常は日中のある程度決まった時間で活動する。

DATA

- 大きさ　全長17cm
- 生活型　留鳥または漂鳥
- 生息地　河川、湖沼、池
- 時期　　1月〜12月
- 鳴き声　金属的な声で「チッ」と鳴き声をあげる。繁殖期のオスはメスを追いかけながら特によく鳴く。

採食

停空飛行で水中の獲物を狙う

水辺の木の枝や池などにある杭に止まって水中の小魚を探し、見つけると勢いよくダイビングして捕らえる。水面を停空飛行で狙いを定めてから急降下して飛び込むこともある。獲物が大きい場合は木や石に叩きつけて弱らせてから飲み込む。

観察

体を細くして威嚇

縄張り性が強いカワセミは、自分の縄張りにほかのカワセミがやってくると激しく鳴きながら体をすぼめて威嚇する。細長くなったカワセミが向かい合ってけんかする様子が面白い。

ダイビングに適した目

カワセミは、水中に飛び込んで魚類や水生昆虫類を採食する。このとき、目を守り、水中でも獲物が見えるようにするため、目に瞬膜と呼ばれるゴーグル状の膜を出す。瞬膜は、鳥類のほかに、両生類、爬虫類、鮫の仲間などの一部の魚類にもある。

水辺にいる鳥

解説

消化できないものを吐き戻す

消化されずに口から吐き出された食べ物の残骸のことをペリットという。カワセミは肉食性なので、魚や水生昆虫類を採食するが、それらの骨やウロコ、殻などをペリットにして口から吐き戻すことがある。ペリットを吐き出す野鳥には、カワセミのほかに、フクロウ類、ワシタカ類、サギ類、カモメ類、カラス類などがいる。

スズメ目ツバメ科

ショウドウツバメ

小洞燕 | Sand Martin

成鳥は頭から上面は暗灰褐色で羽縁はわずかに淡色

体下面の白色の中に胸の暗灰褐色の斑がT字形にある

鳴き声 ジュジュ

水辺にいる鳥

胸に描かれたT字が目印

日本へは夏鳥として北海道に群れで渡来し、海岸や河川、湖沼などに生息する。渡来後も群れで生活しているものが多い。休息場所として牧柵の有刺鉄線や電線などに止まっていることもある。巣は砂粒の多い土の崖に穴を掘って作る。集団営巣をするので、ひとつの崖にいくつもの巣穴が見られる。オスとメスで羽色は同じ。成鳥は頭から上面は暗灰褐色で羽縁はわずかに淡色。風切は黒味のある褐色。喉と腹から下尾筒までは白く、胸にT字形のように見える暗灰褐色の横帯と中央の縦斑が特徴的。くちばしは黒褐色で、足は黒味のある肉色。尾羽は燕尾ではなく凹尾。幼鳥は成鳥に比べて頭からの上面が暗色で背や雨覆の羽縁が白い。尾羽も短い。昆虫類を食べている。

DATA

- 大きさ　全長13cm
- 生活型　夏鳥
- 生息地　海岸、河川、湖沼、農耕地、草地
- 時期　4月〜10月
- 鳴き声　飛行中や電線などに止まっている際もよく鳴く。「ジュジュ」という濁った声のほかにも「チィー」といった鳴き声も出す。

採食

飛んでいる昆虫を空中で採食

ショウドウツバメの飛び方は、翼を規則的に大きく上下させる、羽ばたき飛行が中心。採食するのは飛行中の昆虫類なので、食べ物を探す際には羽ばたき飛行以外に時折、数回の羽ばたきの後に翼を広げて滑るように飛ぶ滑翔もまじえる。海岸や河川近くの草原に生息し、水面の上や草原を飛び回りながら、見事に空中で捕らえる。

スズメ目センニュウ科

オオセッカ

| 大雪加 | Japanese Marsh Warbler

鳴き声 ジリリ

頭から上面は淡い茶色に黒褐色の縦斑がある

眉斑と体の下面は汚白色で、脇腹と下尾筒は淡褐色

小さな顔に白い眉が特徴的な鳥

関東以北で局地的に見られる留鳥または漂鳥。アシや草が生い茂っている場所で生活しており、その外へ出てくることはほとんどなく、姿を見つけることは難しい。繁殖期を除いては基本的に1羽で行動。繁殖期にはつがいで生活するようになるが、中には一夫多妻として繁殖するものもいる。また、繁殖期にオスは、鳴きながらアシから飛び立つディスプレイ飛行をする。オスとメスとも羽色は同じ。頭から背などの上面は淡い茶色に黒褐色の縦斑がある。頭頂部の黒褐色の縦斑は細く、背や肩羽の縦斑は太い。黒味のある褐色の尾羽は長く、特に中央の尾羽が長い凸尾をしている。淡色の顔には白の眉斑があり、体下面も白く、腹の脇と下尾筒は淡褐色。昆虫類などを食べる。

水辺にいる鳥

解説

繁殖期には広くはないが縄張りを持つ

繁殖期には縄張りを持って生活しているが、その範囲はそれほど広くはない。アシ原の周りの草地に巣を作り、食べ物となる昆虫類を探す際にはアシの茎を伝いながら移動していく。アシ原から出てくる姿を繁殖期以外で観察できることはほとんどない。

DATA

▶ 大きさ	全長13cm
▶ 生活型	留鳥または漂鳥
▶ 生息地	平地のアシ原、草原
▶ 時期	4月〜9月、1月〜12月（留鳥）
▶ 鳴き声	地鳴きの声は短くて小さく「ジリリ」と鳴く。繁殖期のさえずりは早口で鳴くことが多い。

スズメ目ヨシキリ科

オオヨシキリ
大葭切、大葦切 | Oriental Reed Warbler

\鳴き声/
ジュッ

頭から体上面は灰褐色。汚白色の細い眉斑がある

喉から体下面は白っぽい。胸から脇腹は淡褐色味がある

水辺にいる鳥

繁殖期のオスはソングポストでさえずる

全国各地で見られる夏鳥。平地から山地のアシ原を好んで生息していて、灌木のある草地に入ることもある。オスとメスは同色で、くちばしが黒く基部と足が肉色であることも共通している。エゾセンニュウ（P.110）に似ているが、本種はくちばしの基部に髭があり、眉斑がはっきりしないことが特徴。繁殖期になるとオスは縄張りを持ち、数カ所のソングポストを移動しながら濁った大声でさえずる。ソングポストは周囲を見渡せる高いアシの先であることが多い。鳴くのは主に日中だが、個体によっては夜間も鳴き続ける。つがいで暮らすが、一部は一夫多妻になる。昆虫類、クモ類、草木の実などを採食する。

DATA
- 大きさ　全長18cm
- 生活型　夏鳥
- 生息地　アシ原、灌木のある草地
- 時期　4月〜10月
- 鳴き声　地鳴きは「ジュッ」という濁った短音。繁殖期のオスは地鳴きよりも大きな声で鳴き続ける。

鳴き声

特徴的なさえずりが俗名になっている

地鳴きは「ジュッ」だが、繁殖期のオスは、「ギョギョギョギョシギョギョシ ケッケッケ」などの濁った声で鳴き続ける。この特徴的なさえずりから、「行行子（ぎょうぎょうし）」という俗名で呼ばれることも。コヨシキリ（P.111）の「ジュッピ ギョギョ ピリリ チリリキュピ」というさえずりに似ているが、オオヨシキリのさえずりは1節が5秒前後と短めである。

スズメ目セキレイ科

セグロセキレイ

背黒鶺鴒 | Japanese Wagtail

オス
額と眉斑の白色がはっきりしている

成鳥は頭頂から上面は黒色でオスはメスより黒が濃い

メス
メスの上面は灰色味がある

鳴き声 ジュジュ

上面の黒が印象的な留鳥

南西諸島以外に幅広く分布している留鳥。平地から山地にある河川や湖沼、農耕地などで見かけることができる。大きな群れは作らず、多くは単独かつがいで行動している。ねぐらは少数が樹木で休息するが、中にはハクセキレイ（P.38〜39）が集まったねぐらに入る個体もいる。晩秋には大部分の個体が、つがいとなって2羽で越冬をするが、数羽が同じ場所にいることもある。オスメスで羽色はほぼ同じ。成鳥は額と眉斑、体下面は白く、頭頂から上面と頸、胸は黒い。くちばしも足も黒色。オスはメスに比べて黒色部分が濃く、メスの上面は灰色味がある。幼鳥は全体に灰色で、眉斑がほぼない。水生昆虫類などを食べる。

水辺にいる鳥

聞き分け方

セキレイ類の鳴き声の差

セグロセキレイは、「ジュジュッ」という短い声で鳴く。ほかのセキレイ類より濁っているのが特徴。ハクセキレイは「チュチュン」と鳴き、キセキレイは「チチンチチン」と高めの声で鳴く。また、セグロセキレイのさえずりは「ツッチュジュジュジュウ」などと複雑にさえずる。これに対し、ハクセキレイもキセキレイも、セグロセキレイより澄んだ声をしている。

DATA

- 大きさ　全長21cm
- 生活型　留鳥、少数が漂鳥
- 生息地　河川、湖沼、農耕地
- 時期　　1月〜12月
- 鳴き声　地鳴きの声は濁っていて、「ジュジュ」と短く鳴く。飛び立つ際には続けて鳴き、さえずりはいろいろな鳴き声を組み合わせて鳴く。

205

スズメ目セキレイ科

タヒバリ

田雲雀・田鶸 | Buff-bellied Pipit

成鳥冬羽は頭からの上面は灰褐色で黒褐色のはっきりしない縦斑がある

鳴き声
ピィ

喉から体下面は汚白色で黒褐色の縦斑がある

水辺にいる鳥

飛翔姿が猫背に見える冬鳥

冬鳥として日本へ渡来し、川原や水田などの農耕地、海岸、草地で見かけることができる。中には1羽だけで縄張りを持って、越冬する個体もいるが基本的には小群で生活する。オスメス同じ色。成鳥冬羽は頭から上面は灰褐色で、不鮮明な黒褐色の縦斑がある。目の周りと顎線は汚白色。雨覆の羽先と三列風切の羽縁は淡色。体下面は汚白色で黒褐色の縦斑がある。黒いくちばしの基部は肉色で、足も肉色にやや赤味がある。夏羽は全体にバフ色味があり、眉斑や体下面は淡い橙褐色。成鳥になる前は、全体に淡い色をしている。飛翔時の姿を横から見ると背中が丸まって猫背のような形になるのが、本種を含めたタヒバリ類の特徴。昆虫類、クモ類、草の種子を食べる。

DATA

- ▶ 大きさ　　全長16cm
- ▶ 生活型　　冬鳥
- ▶ 生息地　　川原、農耕地、海岸、草地
- ▶ 時期　　　9月～5月
- ▶ 鳴き声　　「ピィ」と短く1声ずつ区切って鳴く場合と続けて強く鳴くことがある。飛び立つ際に鳴くことが多い。

解説

地面の色と似ているので見つけにくい

タヒバリは、夏羽は全体にバフ色味のある姿をしており、冬羽は頭から上面が灰褐色をしている。採食時には川原の小石の上やコンクリート上などにいるので、見つけやすい。しかし、川原や海岸以外では比較的開けた場所を好み、農耕地や草地、畑地などの土色をしている所では体が地面と同化してしまうので、見つけるのが難しい。

スズメ目アトリ科

ベニマシコ

紅猿子 | Long-tailed Rosefinch

成鳥夏羽オスは全体が紅色で、頭からの上面は白っぽく、黒褐色の縦斑がある

鳴き声 フィッフィッ

メスはオスに比べると全体が淡い黄褐色

メス

頬は銀白色で体下面は淡い紅色

紅色と翼の2本の白帯が美しい漂鳥

平地や低い山にある草原、湿原、灌木林を移動しながら生活をしている漂鳥。国内における繁殖地としては北海道が多い。成鳥夏羽オスは全体が鮮やかな紅色。頭からの上面に黒褐色の縦斑がある。頭は白っぽいが、目の周りを囲むように顔の前面が紅色で、和名の通りにまるで猿の顔やお尻のような紅色をしている。尾羽の中央は黒く、外側尾羽は白い。くちばしと足は肉色で、足の肉色はやや赤味がある。メスはオスに比べ、全体は淡い黄褐色で上面には黒褐色の縦斑。オスメスともに翼に2本の白帯があり、冬羽は夏羽より全体の色合いが淡くなる。若鳥も成鳥より全体に淡色。草木の種子や芽、昆虫類を食べている。

水辺にいる鳥

解説

繁殖期以外は数羽単位で行動

ベニマシコは、繁殖期は低い木々のある草原などでオスメスで生活している。それ以外の時期はつがいではなく、数羽単位で行動するものが多い。越冬地においては林縁や草藪で、セイタカアワダチソウなどの植物の実や種子を採食しながら移動し、あまり広い場所へは出てこない。1カ所に留まることなく場所を転々としている。

DATA

- 大きさ　　全長15cm
- 生活型　　漂鳥
- 生息地　　草原、湿原、灌木林
- 時期　　　1月〜12月
- 鳴き声　　地鳴きは一声が短く「フィッフィッ」と鳴く。繁殖期は日中はほとんど地鳴きのみで、さえずるのは早朝が多い。

スズメ目ホオジロ科
オオジュリン
大寿林 | Common Reed Bunting

成長夏羽のメスは頭部が褐色で、眉斑と頬線が白っぽい。冬羽はオスも似たような羽色になる

鳴き声　チュイーン

頭部は黒く、頬線と後頸から胸は白い

上面は茶色で黒色の縦斑がある。体下面は白い

オス / メス

水辺にいる鳥

季節に合わせて国内の寒暖地を移動する

九州地方以北に生息する漂鳥で、東北地方以北で繁殖し、秋冬は暖かい本州以南に移動して越冬する。平地のアシ原、湿原、草原などの環境を好む。オスとメスは成鳥夏羽のときに違いがある。オスの頭部が黒く首と頬線が白いのに対し、メスは頭部が褐色で眉斑と頬線が白っぽい。成鳥冬羽のときは、どちらも成鳥夏羽のメスによく似ている。繁殖期には草や灌木のある場所で昆虫類を採食することが多い。繁殖期以外の時期は小群で生活し、暖かい地域へ移動する。越冬地ではアシ原に住み、アシに寄生しているカイガラムシ類を主食とする。太く短いくちばしで器用にアシの葉梢をはがしたり、茎を割ったりして食べ物を探し出す様子が観察されている。

DATA
- 長さ　全長16cm
- 生活型　留鳥（漂鳥）
- 生息地　アシ原、湿原、草原
- 時期　1月〜12月
- 鳴き声　地鳴きは「チュイーン」など声をのばして鳴くこともある。繁殖期には連続してさえずる。

鳴き声

繁殖期には多様な鳴き方をする

繁殖期のオスのさえずりにはさまざまな種類がある。地鳴きを組み合わせたような鳴き声で「チッチュチィチョ」とゆっくり鳴くか、早いテンポで「チィチュチュイーン」などとさえずるのが特徴。この違いは地域差ではなく個体差のようである。また、時期や状況などに応じて鳴き方を変えると推測されている。

カモ目カモ科

コクガン

| 黒雁 | Brant Goose

頭から胸にかけて黒く、頭には頸輪状の白斑がある

\ 鳴き声 /
グルルル

黒褐色の上面には淡色の羽縁、下腹部から下尾筒は白い

黒の頸に白い頸輪がアクセント

冬鳥として渡来し、越冬地としては主に東北地方北部から北海道南部の太平洋側の海岸を選ぶことが多い。特に北海道北部においては秋に多くの姿が見られる。不定期に東海地方や日本海側でも越冬する個体もいるが、その数は少ない。オスメス同色。頭部から頸、胸にかけて黒い中に、白い頸輪状の斑があるのが特徴。くちばしと足は黒い。成鳥に比べると全体的に褐色の幼鳥では頸輪状の斑は細い。アオサやイワノリなどの海藻、マコモなどの水草を好んで食べる。本種と同じ様に、白い頸輪状の斑を持つ鳥としてシジュウカラガンがいるが、生息環境は別で、頸輪の位置も胸近くと違っている。

海にいる鳥

生活

水浴びで体についた塩分を落とす

海岸に生息しているため休息する場所は沖合。食べ物を食べる際は、岩礁へと飛んでいき、好物の海藻や水草を探す。波をかぶることもあるが、絶妙にバランスをとり、浮いたり歩いたりして採食を行う。食べた後は淡水域へと移動する。そこで、水浴びをして体についた塩分をきれいに落とし、再び休息場所となる陸に上がったり、沖合へと戻ったりする。

DATA

- ▶ 大きさ　全長61cm
- ▶ 生活型　冬鳥
- ▶ 生息地　沿岸、沖合
- ▶ 時期　　10月〜4月
- ▶ 鳴き声　採食中に小さな声で鳴くことが多い。オスは求愛や威嚇の際によく響く尻上がりの鳴き声を出すこともある。

カモ目カモ科
ホシハジロ
星羽白 | Common Pochard

オス

鳴き声
キュッ

メス

全体的に丸みのある体つき

白っぽくて黒い波状斑が密にある

目尻に白い線がある

海にいる鳥

オスは赤茶色の頭が特徴的な水鳥

全国的に観察でき、北海道では繁殖の記録もある。群れで生活し、日中は港や湖沼などの水面の中央に集まったり、危険の少ない岸に上がって休息したりしていることが多い。夕方に採食場へ飛び立ち水生植物の茎や根、水草、イネ科植物の種子を食べる姿が観察できる。潜水もして甲殻類など動物性の食物も食べる。オスメスともに身体に丸みがある。オスは頭部が赤茶色で虹彩が赤い。メスの頭部は暗褐色で白いアイリングがあり、それが目から後方へと続き、白い線となっている。オオホシハジロとよく似ているが、ホシハジロの方が全体的に色が濃く、オオホシハジロは白っぽく見えることで見分けることができる。

DATA
- 大きさ　　全長45cm
- 生活型　　冬鳥
- 生息地　　湖沼、河川、河口、内湾
- 時期　　　10月〜3月
- 鳴き声　　まれに「キュッ」と小さい声で鳴く。

採食

植物食傾向の雑食で食べ物はいろいろ
食性は植物食傾向の雑食。いろいろな植物の種子、葉、芽、地下茎などのほか、貝類、甲殻類、軟体動物などホシハジロの食べ物はいろいろ。夕方になると採食場へ行く。最近は公園などの餌付けされた場所でも観察できるようになった。潜水も得意。採食を一通り終えた後は羽づくろいをする。集団で行動し、採食も羽づくろいもみんなで一斉に行う。

カモ目カモ科

キンクロハジロ

金黒羽白 | Tufted Duck

オス / 黒い冠羽をもっている / オスより短い冠羽 / メス / 成鳥オスは脇腹と腹が白い

深いところまで潜って採食する鳥

北海道の北部と東部では少数が繁殖するが、基本的に冬鳥。日中は休息していることが多く、暗くなると食物の多いところへ飛び、活発に動き回る。貝類やカニ、エビなどの甲殻類から水生昆虫類などのほか、水草などを食べる。潜って食べる潜水採食をする。潜る能力が高く水深10メートル近くまで潜ることができる。後頭部の冠羽はオスが長めでメスは短い。スズガモのオスとキンクロハジロのオスは似ているが、スズガモには冠羽がない。さらに体の側面が白く見えるのがキンクロハジロ、背中まで白ければスズガモ。飛び立つときは水面を助走しながら飛び上がる。首を曲げ、羽の中にくちばしを入れて休む姿が観察できる。

海にいる鳥

見分け方

名前の由来は見た通りで金と黒と白

キンクロハジロは、目が金色。頭や背、胸、尾羽、翼の上面が黒色。翼に現れる帯が白で羽白。見た目からそのまま名付けられている。カモ類の餌付けが行われている所では、昼間でも餌に群がる姿を観察できる。キンクロハジロのメスをよく見ると、くちばしの周りが白い個体もいる。これはスズガモのメスとよく似ているが、冠羽の有無で見分けることができる。

DATA

- ▶ 大きさ　　全長40cm
- ▶ 生活型　　冬鳥
- ▶ 生息地　　湖沼、河川、河口
- ▶ 時期　　　9月〜3月
- ▶ 鳴き声　　あまり鳴く鳥ではない。

カモ目カモ科

スズガモ

鈴鴨 | Greater Scaup

オス — オスの上面と腹は白く、メスは顔の前が白く胸から脇腹は褐色

成鳥オスは頭部から胸までが黒色でメスは頭部が黒茶色

鳴き声 ガー

メス

くちばしの周りが白い

海にいる鳥

オスメスの違いがわかりやすい鳥

冬鳥として内湾や港に渡来する。中には越夏する個体もいて、北海道東部では夏でも観察できる。内陸部の湖沼などにいる個体は少ないものの、ほかのカモ類が多く集まっているところに紛れ込んでいることもある。成鳥のメスはキンクロハジロ（P.211）のメスとよく似ているが、頭部に丸みがあり、冠羽がないのが特徴。オスの頭部の光沢のある黒緑色が光の当たり具合によっては紫色にも見える。上面の白には黒の波状斑がある。くちばしは青灰色で幅広くなっている先端部分は黒い。メスは顔の前面が白く、上面は灰黒色。幼鳥はメスの羽色に似ているが、胸と脇腹は黒味がある。貝類や甲殻類、海藻類を食べる。

DATA

- 大きさ　全長45cm
- 生活型　冬鳥
- 生息地　内湾、港　海近くの池や湖
- 時期　9月～4月
- 鳴き声　1声ではっきり大きく鳴くだけでなく、聞き取りにくいほど小さい声で鳴くこともある。

生活

休息も採食も群れで行動する

波の静かな内湾や海岸近くの池や湖沼で、日中は大群で休息していることが多い。海上へと向かうのは夕方。休息していた場所から一斉に飛び立ち、海に潜水して貝類や甲殻類などの食べ物を探しては食べている姿が見られる。数百羽から数千羽の大群でいるのが観察されることもある。名前の由来は、一斉に飛翔するときに、鈴のような音がすること。

カモ目カモ科

コオリガモ

氷鴨 | Long-tailed Duck

- 成鳥オスの中央尾羽の2枚がとがっていて長い
- 成鳥冬羽オスは全体的に白っぽい
- オス
- 黒いくちばし
- メス
- 鳴き声 アォアオナ

流氷の白い色をしたカモの仲間

主に北海道に飛来し、関東地方以北の本州でも少数が越冬する姿が観察できる。主に沖合にいることが多く、湾や港にも入ることがある。群れで行動し、潜水して貝類や軟体動物を食べる。成鳥オスの中央尾羽の2枚がとがっていて長いのが外見上の特徴のひとつ。成鳥冬羽オスは全体的に白っぽく、頸側から背にかけてと翼などが黒褐色。中央尾羽は冬・夏ともに長い。夏羽は目の周りと腹が白くほかの部分の多くが黒褐色の地味な色合いとなる。成鳥冬羽メスは全体が淡い黒褐色で目の周りが白い。オスのくちばしは中央部分がピンク色で、メスは黒い。繁殖期近くになると北海道東部ではオスがメスを追いかける様子が港の岸からでもよく見られる。

海にいる鳥

解説

北海道ではアオナ鳥と呼ばれていた

鳴き声が独特で、「アオナ」と聞こえることから北海道ではアオナ鳥とも呼ばれていた。和名は流氷のある水面に生息することや、体の色が氷のように見えることからつけられた。北海道東部では、渡りのときにコオリガモが万単位で観察されたこともある。頻繁に潜水する姿も見られる。潜水するときは頭から潜るので、水がしたたる美しい尾羽がよく見える。

DATA

- 大きさ　全長60cm(オス) 38cm(メス)
- 生活型　冬鳥
- 生息地　海岸、外洋部
- 時期　　10月〜4月
- 鳴き声　1月〜2月のつがいの時期になると「アォアオナ」と聞こえる特徴ある声で鳴く。

213

カモ目カモ科

ウミアイサ

海秋沙　Red-breasted Merganser

オスの頭部は黒く、緑色の光沢があり、長い冠羽をもつ

茶褐色の頭部

メス

胸は黒斑のある茶色。脇腹には細かい横斑が密にある

鳴き声 ヘヘェーン

海にいる鳥

冠羽と赤いくちばしを持つ冬鳥

冬鳥として渡来し、海岸近くの海上や港、波が静かな内湾や河口などで見かけることができる。基本的に群れで生活しているが、群れの規模は大きくはなく、数羽から数十羽程度で行動する。成鳥オスは頭頂から後頭にかけて長く立派な冠羽を持つ。冠羽はメスにもあるがオスに比べると短い。オスの頭部は黒く、頸は白い。メスの頭部は茶褐色。オスメスともにくちばしや足は赤色。幼鳥や若鳥のオスメスはくちばしと頭部の色は少し淡色となる。カモ類は越冬中につがいになる種が多く、本種もそのひとつ。オスはくちばしを上へと向けてメスに対する求愛行動を頻繁に行う。魚類を食べている。

DATA

- **大きさ**　全長55cm
- **生活型**　冬鳥
- **生息地**　海岸近くの海上、河口、内湾、港、河川
- **時期**　10月〜4月
- **鳴き声**　春先には頻繁に求愛ディスプレイをするが、その鳴き声は聞き取りにくいほど小さい。

解説

潜水が大得意

ウミアイサは、水中に潜って魚を捕える、潜水の名手。魚を探すのに顔だけを水中に入れた姿でよく水面に浮かんでいる。くちばしには歯状突起があり、捕らえた獲物は逃さない仕組みになっている。魚以外にも、シャコなどの甲殻類も食べる。上空から食べ物をカモメに狙われそうになった際にも得意の潜水で難を逃れることができる。

カイツブリ目カイツブリ科
アカエリカイツブリ
赤襟鳰　Red-necked Grebe

くちばしはまっすぐで上くちばしには黒味がある

鳴き声 アーアー

首から胸までがレンガ色になっている

レンガ色の赤いマフラーが小粋

越冬中は10羽ぐらいの複数でも、群れとは言えないぐらい、互いに距離を置いて生活している。潜水して小魚などを食べる姿が観察できる。越冬中は1～2羽が海上に浮いている姿が見られ、淡水域にいることはめったにない。オスメス同色で夏羽は首から胸までがレンガ色で、頭は黒く、多少、冠羽状になる。胸は灰白色。くちばしはまっすぐで黄色。上くちばしには黒味がある。冬羽では全体に褐色になる。カンムリカイツブリ（P.165）とよく似ているが、アカエリカイツブリの方が首が短い。繁殖期には「アーアー」と一羽が鳴くと、ほかの個体もいっせいに「キキキキ･･･」と鳴いて、デュエットする姿が見られる。

海にいる鳥

子育て
カイツブリの浮巣は浮いていない！?
一般的に浮巣を作っているといわれているが、実際は完全に浮いているのではない。アシやガマ、木の枝などの垂れさがった枝の上に枯葉や枯草を集めて巣を作っており、完全に浮いているのではなく、どこかで水底や陸につながっている。そのため、多少増水しても巣が流されることは意外と少ない。とはいえ、大雨が降ると壊れてしまい、作り直すこともある。

DATA	
▶ 大きさ	全長45cm
▶ 生活型	本州以南では冬鳥、北海道では夏鳥
▶ 生息地	河口、内湾
▶ 時期	10月～3月
▶ 鳴き声	繁殖期に「アーアー」と大声で鳴き交わす。

アビ目アビ科

アビ

| 阿比 | Red-throated Loon

上面が暗灰色で白斑が入っている

くちばしが上に反って見える

\ 鳴き声 /
アァー

海にいる鳥

潜水が上手いので、英国ではダイバーと呼ばれる

冬鳥だが、北海道では旅鳥のものが多い。秋に北海道沿岸で、3〜4月ごろは中部地方以北の沿岸で比較的良く見られる。生息数の減少と沿岸海域の環境悪化のため、沖合に生息している。越冬中はあまり群れをつくらない。多くは一羽だが、春に群れるものもいる。潜水して小魚や甲殻類を採食する。オスメス同色でくちばしは上に反っているように見える。助走しなくても飛び立つことができて、飛翔するときは羽ばたきが速い。広島県の県鳥に指定されている。冬羽や若鳥では顔から頸は白く、夏羽では顔から頸は灰色になり、前頸には赤褐色の部分が出る。

DATA

- 大きさ　　全長61cm
- 生活型　　冬鳥、北海道では旅鳥
- 生息地　　主に沖合
- 時期　　　10月〜4月
- 鳴き声　　小さい声で「アァー」と鳴いたり、繁殖期には朝夕「アゥー」と大きな声で鳴いたりする。

※鳴き声の音声はシロエリオオハムのもの。

解説

過去の漁法 アビ漁

瀬戸内海に越冬に来たアビは、イカナゴという魚を食べ物にする。そのとき、イカナゴを追ってタイやスズキが水面に移動してくる。そこを手漕ぎ舟に乗った人間が一本釣りで捕まえるのがアビ漁といわれる漁法。昭和6年にアビ漁が行われる海域が「アビ渡来群遊海面」として国の天然記念物に指定された。しかし環境の変化によりアビの渡来数が激減してしまった。近年はほとんど行われなくなってきている。

> 見分け方

オオハム、シロエリオオハムの違い

オオハムとシロエリオオハムは、アビによく似ているが、この二種はくちばしが反っていないので、区別できる。冬羽の場合アビは上面が暗灰色で白斑が入っているが、オオハムとシロエリオオハムにはそれがない。また、シロエリオオハムの脇腹後方にはオオハムのような白い部分がない。
オオハムもシロエリオオハムも夏羽・冬羽ともに似ているが、夏羽の前頸が紫色の光沢なのがシロエリオオハム、緑色の光沢なのがオオハムである。

オオハム 冬羽から夏羽に移行中

シロエリオオハム 冬羽

> 解説

平家の凋落を嘆く鳴き声

アビは、夏と冬とで羽色が異なり、冬は白色と灰色だが、夏になると前頸が赤褐色に変化する。アビよりも遥かに大きいハシジロアビや、迷鳥のハシグロアビという種類もいる。アビは、何かの遠吠えのような、誰かが悲しげに泣いているような、何ともいえない不思議な鳴き声をしている。地方名の「平家鳥（けどり）」「平家倒し（へいけだお）」とは、この声が平家が滅んだことを嘆いている声に聞こえるといわれたことからきている。「魚食む（はみ）」が変化して「はみ」になり、やがて「アビ」になったのが名前の由来。

アビ 冬羽

海にいる鳥

アホウドリ

ミズナギドリ目アホウドリ科

信天翁 | Short-tailed Albatross

くちばしはピンク色をしている

成鳥するにつれて黒褐色から白く変化する

若鳥

若鳥

鳴き声 ウ、ウー

絶滅の危機からよみがえり、優雅に空を帆翔

日本では11月から6月、伊豆七島の鳥島と尖閣諸島などで繁殖し、繁殖後はアリューシャン海域まで北上する。浮き上がった魚類やイカ類を帆翔して捕らえる。オスメス同色。アホウドリの幼鳥は黒褐色部分が多く、成長するにしたがって白くなっていく。完全な成鳥羽になるまでは10年かかるといわれている。よく似た種類にコアホウドリがいるが、こちらは目の周りが黒いので区別できる。また、アホウドリのくちばしはピンク色でほかのアホウドリ類との識別に役立つ。くちばしを噛み鳴らしてカタカタカタカタと音を出す。翼が長いため、空を飛ぶ姿が美しく、時速110〜130キロの速さで飛ぶこともあるようだ。1日で東京から札幌までの距離くらいでも移動できる高い飛翔能力をもっている。

DATA

- 大きさ　　全長89cm
- 生活型　　冬鳥
- 生息地　　鳥島／伊豆諸島
- 時期　　　11月〜6月
- 鳴き声　　繁殖地以外で鳴声を聞くことはない。繁殖地では、「ウ、ウー」などと唸るように鳴く。

解説

富国強兵のもとで殺された約500万羽

明治の実業家、玉置半右衛門 (1839-1911) は1886 (明治19) 年に鳥島で玉置商会を設立し、羽毛採取により約500万羽を殺戮。いったんは絶滅宣言をされてしまった。現在、保護活動が進み、2006年には鳥島で火山活動が活発化すると予想されたため、小笠原諸島の智島へと繁殖地を移す計画が進んでいる。

観察

飛び立つのが下手

アホウドリ類は、主に風の力を利用して飛翔するため、風が弱い日は海から飛び立ってもすぐに着水してしまうことが多い。飛び立つときは、海に浸かったまま大きな翼をのばし、羽ばたきながら海面を走るように助走をつける。その後は長い翼で海上からの上昇気流を利用して、ほとんど羽ばたかずに帆翔し続ける。

コアホウドリ

アホウドリの一生

海鳥であるアホウドリは、敵がいない安全な孤島で、集団で子育てをする。卵は1回に1つしか産まず、ヒナが巣立つまで4、5ヶ月かかる。ほかの鳥に比べて長生きするアホウドリ。そのゆったりとした生き方を壊さないようにしなければならない。

海にいる鳥

アホウドリの飛び方

帆翔(はんしょう)(ソアリング)

上昇気流

海面

ミズナギドリ目ミズナギドリ科

オオミズナギドリ

大水薙鳥 | Streaked Shearwater

鳴き声
グエェー

頭部は褐色に白い斑があり、上面は灰褐色

頭から下尾筒までは白く、風切や尾羽は黒色

海にいる鳥

地中に穴を掘って巣を作る鳥

国内の沿岸や離島などで集団となって繁殖し、繁殖期を除いては海上で生活している留鳥。寒さが厳しい時期は見かけられる数は少ない。オスメスとも羽色は同じ。幼鳥と成鳥でも大きな違いはなく、見分けるのは難しい。頭部は褐色に白い斑があり、ごま塩のように見える。上面は灰褐色で、体下面は白色。背や上尾筒、小雨覆の羽縁は淡色をしているので波状斑になっている。くちばしはややピンクに近い鉛色。先端部分のみ黒味がある。繁殖期は地中に穴を掘って巣を作る。魚類を食べており、魚群を見つけると次から次へと集まってきて、大群となって魚を採食する様子が見られる。

DATA

- ▶ 大きさ　　全長49cm
- ▶ 生活型　　留鳥
- ▶ 生息地　　沿岸、沖合
- ▶ 時期　　　3月〜12月
- ▶ 鳴き声　　海上を飛翔している際に鳴くことは少ない。巣穴近くでメスは唸るような声、オスは金切り声で鳴く。

飛び方

大きな翼で見事な飛行を見せる

全長は49cmで、翼開長は120cmにもなる。羽ばたき飛行のほかにも、大きな翼を巧みに使って風に乗るという、海上を飛ぶ鳥ならではの飛行をする。体を左右に傾けながら海面すれすれの場所をジグザクに滑翔するなど、その飛行テクニックには目を見張るものがある。食べ物となる魚が海面の近くに上がってくるのを見つけると、勢いよく海面に近づいて、あっという間に捕らえる。

チドリ目チドリ科

ダイゼン

大膳 | Grey Plover

夏羽は頭頂から上面は白く、各羽に黒斑がある

夏羽

くちばしの色と同じように顔や喉から腹部までは黒い

冬羽

冬羽の上面は灰色味が強い

鳴き声 ピウイ

海にいる鳥

モノトーンの美しい鳥

旅鳥または冬鳥で、関東地方以西では越冬個体も多い。よく見かけられるのが干潟。キジバト（P.41）くらいの大きさがあるので、よく目立つ鳥。オスメス同色で、夏羽は白と黒の2色のコントラストが美しい。細長いくちばしと長い足は黒く、長距離の飛行にも耐える先細りの形の強靭な翼を持つ。ムナグロとよく似ているが、本種の方が大きく、背中に黄色は入らないので区別はつきやすい。干潟を小走りしたかと思えば、突然立ち止まったりなどの動きを見せ、移動を始めるときによく鳴き声を出す。ゴカイ類を特に好み、くちばしで器用にゴカイを穴から引き出して食べる。ほかには甲殻類、昆虫類も食べる。

子育て

巣作りは乾いた地面に行う

国内では繁殖せず、繁殖場所は北アメリカ大陸北部とユーラシア大陸北部のみ。普段は干潟や砂浜などの湿った場所で活動するが、巣を作るときは乾いてやや高くなった地面の浅いくぼみを選び、コケや藻などを敷いて巣を作り、つがいで縄張りをもつ。オスとメスが交代しながら抱卵する。生まれた幼鳥は、上面の白斑がはっきりしている。

DATA

- ▶ 大きさ　全長29cm
- ▶ 生活型　旅鳥または冬鳥
- ▶ 生息地　海岸の干潟、砂浜、河口
- ▶ 時期　　8月〜4月
- ▶ 鳴き声　まるで口笛を吹いているかのような鳴き声は軽やかで、大きくて遠くまでよく通る。「ピウイ」と尻上がりで鳴く。

チドリ目チドリ科

シロチドリ

■ 白千鳥　■ Kentish Plover

オス

尾羽は褐色で外側尾羽が白い

前頭部の黒い帯がない

メス

黒い帯は胸側だけで繋がっていない

＼鳴き声／
ピル

海にいる鳥

水辺でせわしなく動きながら採食する

海岸の砂浜、干潟、河川、埋め立て地などで観察できる。中部地方以北では夏鳥で、関東地方以南で越冬する。越冬中は群れで生活し、せわしなく歩き回ってゴカイ類や甲殻類などを採食する。巣は砂地や砂礫にくぼみをつくって貝殻や木片を敷いて作る。オスとメスはほぼ同色で成鳥オスは前頭部に黒い帯があり、メスはそれがない。胸側だけに黒い帯があるのも特徴のひとつ。風切に白い斑紋があり、飛翔中はそれが白い翼帯となって目立つ。尾羽は褐色で外側尾羽が白い。先島諸島では頭頂部が茶色味のある個体が越冬している。オスとメスの冬羽も夏羽もほぼ変わらない。幼鳥は上面の羽の羽縁が淡褐色となっている。

DATA	
▶ 大きさ	全長17cm
▶ 生活型	留鳥または漂鳥
▶ 生息地	砂丘や干潟、中流域の河川敷、湖、池沼
▶ 時期	1月～12月
▶ 鳴き声	「ピル」と鳴くほか、繁殖期には「ピルルルル」と鳴く。

解説

シロチドリは千鳥足では歩かない

数歩ジグザグに歩いてはスタッと立ち止まり、足元をつついて餌を探すシロチドリは、せわしなく歩く姿やしぐさの可愛らしさから、ファンの多い鳥のひとつ。緩急のある動きをするために、歩くときは頭の位置を一定にしている。酒に酔って歩く様子を千鳥足というが、シロチドリはジグザグに歩くものの、酔った人のようにフラフラ歩くことはない。

チドリ目セイタカシギ科

セイタカシギ

丈高鴫 | Black-winged Stilt

オス

鳴き声 / ケッ

肩羽と翼は黒く紺色の光沢がある

頭部の黒色はオスよりも淡色

メス

スラッと長い赤い足をもっている

オスは繁殖期に胸がピンク色に変化する

東京湾付近では留鳥で局地的に繁殖も記録されている。干潟、河口、海岸に近い湖沼、池、水田などで観察できる。水辺で首を左右に振って魚類、甲殻類、昆虫類を採食する。海水域で採食した後に淡水域に入って水浴びをする。オスとメスはほぼ同色で、頭部の白色と黒色の入り方には個体異変が見られる。体下面は白っぽく、成鳥オスは背から腰が黒い。肩羽と翼が黒く紺色の光沢がある。また、繁殖期には胸が淡いピンク色に変化する。成鳥メスは頭の黒色が無いか、あっても少ないものが多いのでオスメスの区別ができる。若鳥は成鳥メスに似ており、背や肩羽が褐色気味で足の色も薄い。また、翼に光沢がない。

海にいる鳥

見分け方

赤い長い足で優雅に水の中を歩く

ソリハシセイタカシギ

セイタカシギは長い赤い足でゆっくり水中を歩きながら魚類や甲殻類などを採食する。ごくまれに渡来する。類似鳥のソリハシセイタカシギの足は赤くないのでわかりやすい。ソリハシセイタカシギは、その名の通りくちばしが反っている。

DATA	
▶ 大きさ	全長37cm
▶ 生活型	旅鳥または留鳥
▶ 生息地	湿地、干潟、湖沼、河口、水田
▶ 時期	1月〜12月
▶ 鳴き声	繁殖期は高く「ケッ」と地上で鳴くほか、飛翔しながら鳴いてディスプレイをする。

チドリ目シギ科

オオソリハシシギ

大反嘴鴫 | Bar-tailed Godwit

夏羽オスは夏羽メスに比べて橙色味が強い

成鳥オス

年齢に関係なくくちばしは上に反る

薄い褐色の地に黒褐色の斑点

幼鳥

鳴き声
ケッ

海にいる鳥

旅鳥で春と秋に日本にやってくる鳥

アラスカからオーストラリアまで地球を縦方向に長距離移動することで知られている。旅鳥で日本にやってくる時期は春と秋。地方によって春だけ来るところと秋しか来ないところがある。甲殻類、貝類、昆虫類を食べるが、ゴカイ類を特に好んで採食し、くちばしを穴に上手に突っ込んで食べる姿を観察できる。オグロシギによく似た、少しこもった小さな声で鳴く。オスとメスはほぼ同色で夏羽オスは夏羽メスに比べて橙色味が強く出ている。成鳥夏羽オスは額から頭頂、後頸は黒褐色で赤褐色の羽縁がある。顔からの体下面は赤褐色で、肩羽は黒褐色。肩羽には赤褐色と白っぽい斑が混じる。メスはオスより体が大きく、全体的に淡色なので見分けられる。

DATA

- ▶ 大きさ　　全長39cm
- ▶ 生活型　　旅鳥
- ▶ 生息地　　干潟や河口の砂州、砂丘
- ▶ 時期　　　4月～5月、7月～10月
- ▶ 鳴き声　　普段は少しこもった小さな声で「ケッ」と鳴く。ディスプレイ時には「キュイイイ」と大きな声で鳴く。

生活

数万年前から1万キロ以上の距離を渡る

毎年9月下旬、繁殖地のアラスカを飛び立つオオソリハシシギの群れは、赤道を下って越冬地のニュージーランドやオーストラリアまで約一週間ほど、目的地まで飛び続ける。その間、なんと一度も着陸せずに飛ぶ個体もいる。長距離を飛ぶこの習性は数万年前から続いているといわれている。アラスカで夏に生まれた若鳥たちも、親と別れ、若鳥だけの群れで飛ぶ。

チドリ目シギ科

アオアシシギ

| 青脚鷸 | Common Greenshank

背から腰は白色

くちばしは黒くて基部が
やや大きく上に反る

鳴き声
チョーチョー
チョー

海にいる鳥

くちばしが反っているシギの仲間

多くは旅鳥で温暖な地域では越冬する個体もいる。水田、湿地、ハス田、河川、湖沼、池、干潟などで生息する。浅い水辺でくちばしを水の中に入れて、小走りで小魚を捕食する。小魚のほか、オタマジャクシや甲殻類なども採食する。水中の獲物を捕まえるために、黒いくちばしは基部がやや太く、上に反っているのが特徴。幼鳥は体の上面が灰黒褐色で各羽の羽縁が白いので見分けることができる。オスメス同色で夏羽、冬羽に関係なく背から腰は白色。成鳥夏羽は頭部から胸は灰褐色で黒褐色の縦斑が密にある。よく似ているカラフトアオアシシギとの違いはくちばし基部の太さ。カラフトアオアシシギの方が太く、足が短くて黄色っぽいので識別できる。

解説

旅鳥で沖縄県では越冬する姿が観察できる

アオアシシギは、ユーラシア大陸北部で広く繁殖し、冬にアフリカ、インド、東南アジア、オーストラリアへ渡って越冬する。日本では旅鳥として春と秋の渡りの時に全国的に渡来する姿が観察できる。沖縄県では少数のアオアシシギが越冬する姿が観察できる。アオアシという名の通り足が緑青色の個体が多いが、黄色い足の個体もいる。

DATA

- ▶ 大きさ　　全長32cm
- ▶ 生活型　　旅鳥
- ▶ 生息地　　干潟、河口、水田、湖沼
- ▶ 時期　　　4月〜5月、8月〜10月
- ▶ 鳴き声　　飛び回ったり餌を探したりしながら「チョーチョーチョー」と鳴くことが多い。

チドリ目シギ科

キアシシギ

黄脚鷸 | Grey-tailed Tattler

鳴き声 ピューイ

黒褐色の過眼線がある

名前の通り脚は黄色

海にいる鳥

休むときはちょっと高いところに止まる

群れで行動することが多く、多いときには100羽以上も集まることも。休憩時には波消ブロックや流木、杭、岩、低木の上などの高い場所を好んで休む性質があり、干潟や海岸などあまり高低のない場所では流木や石の上に止まっている姿を観察することができる。オスメス同色で体のわりに足は短く名前の通りに黄色い。くちばしはまっすぐで基部が黄色い。成鳥夏羽は顔からの体下面は白く、褐色の横斑がある。飛翔時の上面全体には模様らしいものがなく、のっぺりとした印象。よく似た鳥でメリケンキアシシギがいるが、キアシシギは飛び立つときに「ピューイ」と鳴き、メリケンキアシシギは「ピッピッピッ」と連続して鳴くことで識別できる。

DATA

- 大きさ　　全長25cm
- 生活型　　旅鳥
- 生息地　　砂丘、干潟、磯、水田
- 時期　　　4月〜5月、8月〜10月
- 鳴き声　　飛びながら「ピューイ」と鳴く。

特徴

短い黄色の足をもつ

澄んだ「ピューイ」という声で鳴くキアシシギ。その名の通り、短い黄色い足をもっている。頸が短く、胴と足が長いというアンバランスさがかわいい。ちょっと高いところが好みで、休む時は流木や石、岩、低木の上に止まって休む性質をもっている。シベリア北東部、カムチャツカ半島などで繁殖し、東南アジア、ニューギニア、オーストラリアに渡って越冬する。

チドリ目カモメ科

ズグロカモメ

| 頭黒鴎 | Saunders's Gull

鳴き声
キュッ

上面は淡い青灰色で、頭部は冬羽は白く2本の淡い線があり、夏羽は黒い

体下面は白く、初列風切の先には黒斑がある

海にいる鳥

くちばしが短くて頭部が黒いカモメ

世界的に数が少なくなっている希少な鳥のひとつ。冬鳥として日本への渡来数はここ近年において増えている傾向がある。全国で観察された記録はあるが、主に関東地方より西の地域に局地的に渡来し、特に九州地方で多く見かけられる。オスメスで羽色に違いはない。冬羽では白かった頭部は夏羽になると黒くなる。成鳥はユリカモメとよく似ているが、ユリカモメのくちばしは赤く、本種のくちばしは黒くて短いのが特徴。足は赤黒い。上面の青灰色と下面の白のコントラストが美しいが、若鳥は翼に褐色羽があり、幼鳥は背にも褐色羽がある。浅い水辺や干潟で主にカニをとって食べている。

生活

集まっていても行動は1羽ずつ

広い干潟などにおいては百羽以上が集まっていることもあるが、群れで行動することはない。それぞれが点々としており、基本的には1羽ずつで行動する。水辺や干潟の上空を飛び回り、水中にダイビングしたり、着地したりしながらエサとなるカニをとる。カニをとるときは、潮が引いた干潟を狙う。ゴカイを海水で洗ってから食べることもある。

DATA

- ▶ 大きさ　　全長32cm
- ▶ 生活型　　冬鳥
- ▶ 生息地　　干潟、河口
- ▶ 時期　　　10月〜3月
- ▶ 鳴き声　　飛翔中は短い声で鳴く。地上では「キュッ」とよく通った声で早口で鳴くこともある。

227

チドリ目カモメ科

ユリカモメ

百合鴎 | Black-headed Gull

成鳥冬羽の頭部は白く、2本の淡黒色の線がある

耳羽の後方には黒斑がある

鳴き声 ギーイ

海にいる鳥

日本全国どこでも見かけるカモメの仲間

ほぼ全国で見られる冬鳥。夜は海上や湖上の中央部や広い河川の中州で休息し、早朝に海岸や港、河川の中流から上流域まで移動して採食するものと、海上へ移動するものがいる。夕方近くになると群れになってまた夜の休息場に戻る。水面の上空から急降下して水中に頭から突っ込み、小魚やゴカイ類を捕えるほか、浮いている死んだ魚や昆虫なども採食する。また、シギやチドリなどが泥中から捕獲した食べ物を横取りすることもある。幼鳥の頃は澄んだ声だが次第に独特の濁った声で鳴くようになり、ほかのカモメ類とは声でも区別できる。オスメス同色で成鳥の上面は夏羽・冬羽ともに淡い青灰色。成鳥夏羽の頭部は濃い焦げ茶色となる。

DATA

- 大きさ　　全長40cm
- 生活型　　冬鳥
- 生息地　　海岸、河川、湖沼
- 時期　　　10月〜3月
- 鳴き声　　数羽が集まると騒がしく鳴くことが多い。

解説

都鳥とはユリカモメのことか?

伊勢物語・第九段・東下りにある一節、「名にし負はば　いざ言問はむ都鳥　わが思う人はありやなしやと」に登場する「都鳥」とは、ユリカモメのことだといわれている。名前の由来は「入り江カモメ」「ササユリやテッポウユリのように美しく白い」などが挙げられる。東京都の鳥に選ばれており、海から川をたどってやってくるユリカモメを観察することができる。

> 見分け方

すぐに見つけられるカモメ

ユリカモメは、個体数が多く、海辺や漁港で比較的用意に見つけることができる。足が赤いことやくちばしが長めで赤いことで見分けられる。また、ほかのカモメと違い、独特の「ギーィ」という鳴き声をしていることで、聞き分けができる。雑食性で、魚、甲殻類、昆虫などのほかにも、死肉、果実、ゴミまで、様々なものをつつきながら都会でもたくましく生きている。また、東京湾近くを走る電車、東京臨海新交通臨海線は、通称ゆりかもめと呼ばれ、東京23区内でも見られる鳥のユリカモメと同じように人々に親しまれている。

夏には頭巾を被る

冬羽では白かった頭部が、夏羽では焦げ茶色になるが、目の周りはアイラインを引いたように白いまま。この夏羽の姿はズグロカモメ(P.227)とよく似ている。しかし、本種の方がくちばしが赤くて長いので見分けられる。また、若鳥は雨覆に褐色斑があり、足とくちばしは橙色をしている。

海にいる鳥

ウミネコ

チドリ目カモメ科

海猫 | Black-tailed Gull

黄色い虹彩と周りの赤いアイリング

鳴き声 ミャー

成鳥の尾羽に黒い帯が入っているのはウミネコだけ

海にいる鳥

日本全国で観察できるカモメ

ウミネコとカモメは同じカモメ科の鳥だが、ウミネコが留鳥であるのに対しカモメは冬に渡ってくる冬鳥である。一年を通じて群れで行動し、砂浜や堤防に止まって休み、そこから海面へと飛び立って海面上の魚やゴカイなどを捕食する。海岸に水産加工場があると、そこから出る魚のアラや砂浜にいるカニも食べる。ほぼ全国で観察でき、沿岸、岩礁、河口、干潟などで見ることができる。ウミネコのくちばしは先端が赤と黒だが、カモメのくちばしは全体に黄色く、赤い部分がないため、成鳥の区別はしやすい。ウミネコは体についた塩分を落とすために水浴びをする習性がある。海岸に近い湖沼や淡水域で待てば、水浴びをする姿を見ることができる。

DATA

- 大きさ 全長47cm
- 生活型 留鳥
- 生息地 沿岸、岩礁、河口、干潟
- 時期 1月〜12月
- 鳴き声 ウミネコという和名の由来ともなった、「ミャー」という猫の鳴き声に似た声を出す。

見分け方

黒い尾羽の帯で見分けることができる

カモメ類は成鳥になると尾羽の帯がなくなるが、ウミネコだけは帯がずっとある。幼鳥や若鳥はどの種も似ていて区別がつきにくい。また、独特の猫が鳴くような「ミャー」という声も特徴のひとつ。くちばしの色彩は黄色で、先端が赤くその内側に黒い斑紋が入るので見分けられる。冬になると、くちばしの黄色が薄くなり、頭部には灰褐色の羽が混じる。

チドリ目カモメ科

カモメ

鴎 | Mew Gull

鳴き声 アゥ

冬羽は頭部の白に胡麻塩のような褐色の斑がある

幼鳥の上面は籠の目模様をしている

海にいる鳥

冬羽と夏羽では頭部の斑に違いがある

冬鳥として全国に渡来するが、どちらかといえば西日本の方が個体数が多い傾向がある。沿岸や沖合、波が静かな内湾、港、河口にいることが多いが、湖沼や池、河川などにいることもある。基本的に単独行動はせず、数羽から数十羽の群れで生活する。中には他のカモメ類に混じっていることもある。オスメス同色。翼を広げると120cmにもなり、全長に対して長い翼を持っている。成鳥のくちばしと足は淡い黄緑色。冬羽は頭部の白に褐色斑があるが、夏羽では頭部には斑はなく、白い。本種の他に亜種ニシシベリアカモメ、亜種コカモメと2つの亜種がある。動物食で魚類などを食べる。

採食

短いくちばしを器用に使って採食する

カモメは魚類以外にも、ゴカイ類やエビ類なども好物でよく食べる。青森県の十三湖周辺の畑では、昆虫を食べている個体も確認されている。水面上で長い翼を広げて羽ばたきながら食べ物を見つけると、くちばしで器用にすくい上げて食べる姿を見かけることがある。また、水面や干潟まで降りてきて採食することもある。

DATA

- 大きさ　　全長43cm
- 生活型　　冬鳥
- 生息地　　沿岸、沖合、内湾、港、河口
- 時期　　　9月〜4月
- 鳴き声　　地鳴きは短く、1声ずつ区切って鳴く。春が近づくとオスは長く続く声でさかんに鳴くようになる。

チドリ目カモメ科

オオセグロカモメ

大背黒鷗 | Slaty-backed Gull

夏羽は頭部からの体は白く、冬羽では頭部に褐色斑がでる

鳴き声
アーウ

初列風切の数枚と次列風切の羽先と尾羽は白い

背中が黒い大きなカモメ

東北地方の北部より北の地域では留鳥として生息しており、年間を通して見かけることができる。断崖絶壁の上に巣を作るので、砂浜などの海岸線で岸に沿うようにして飛んでいることが多い。それより南の地域では冬鳥として渡来するが、西日本地域で見かけることは少ない。オスメスとも同色。成鳥は頭から頸の部分を除き、白と黒のコントラストが美しい。足はピンク色。セグロカモメと似ているが、本種の方が上面の色は濃く、くちばしも太いことで見分けられる。冬羽で頭と頸にかけてあった褐色の斑は、夏羽になるとなくなり、真っ白になる。若鳥は年齢にもよるが、第1回冬羽は全体に白色で褐色の斑があり、尾羽は黒っぽい。主に魚類を食べている。

DATA	
▶ 大きさ	全長64cm
▶ 生活型	留鳥、冬鳥
▶ 生息地	沿岸、沖合、内湾、港、河口
▶ 時期	1月〜12月
▶ 鳴き声	ふだんは甲高い声で鳴くこともあれば、こもったように聞こえる鼻にかかった声でも鳴く。

採食

魚類だけでなく何でも食べる

基本的には魚類を好むが、オオセグロカモメを含め大型のカモメ類は何でも食べる傾向がある。海の近くにあるゴミ捨て場で、人間の食べ残しを狙って食べる姿が見られることもある。それ以外にも、繁殖期になるとほかの鳥の卵やヒナも食べてしまうことがある。それが希少な種類の鳥のものだと生態に影響を及ぼし、問題に発展してしまう。

タカ目ミサゴ科

ミサゴ

鶚 | Western Osprey

胸に褐色の帯がある

正面から顔をみるとヒゲがあるように見える

\鳴き声/
ピョピョ…

魚を食べるタカの仲間として有名

留鳥で寒冷地のものは冬、暖地へと移動する。南西諸島では冬鳥。1羽か2羽で行動することが多く、魚類を捕食する鳥として知られている。水面上で停空飛行して、足から飛び込んで魚類を捕獲する。つかみ難い魚をしっかりと捕獲するために、足指の鱗片がとがっているという。成鳥の頭部は白く、額から頭頂は黒褐色の縦斑がある。過眼線から後頸にのびる線は黒褐色。喉は白く胸に褐色の帯がある。この帯は、オスは細くてメスは太い。ハチクマ（P.45）の白いタイプと似ているが、ミサゴの方が翼が長く見えるので見分けられる。米軍機オスプレイとはミサゴのこと。以前はタカ科であったが、現在はミサゴ科に属す。

海にいる鳥

特徴

魚鷹の異名をもつ猛禽類

魚を捕食することから魚鷹の異名をもつミサゴは魚を捕獲するために、反転する第四趾をもっている。これは猛禽類ではミサゴだけのめずらしいもの。鼻孔の弁や、密生し油で耐水された羽毛なども、全て魚を捕獲するのに適した体のつくりとなっている。

DATA

- ▶ 大きさ　全長57cm
- ▶ 生活型　留鳥
- ▶ 生息地　海岸、湖沼、広い河川、河口
- ▶ 時期　1月〜12月
- ▶ 鳴き声　細く短い声で「ピョピョ…」と1節に10音前後続ける。

タカ目タカ科

オオワシ

羌鷲・大鷲 | Steller's Sea Eagle

全体が黒色あるいは黒褐色で額の部分はわずかに白い

小雨覆、翼角、腿、下尾筒、尾羽は白い

＼鳴き声／
クワッ
クワッ

海にいる鳥

黒の中に白色が際立つ大きな鳥

極東地域にのみ分布し、日本には冬鳥として渡来し、北海道や日本海沿岸で越冬するものが多い。群れで行動しており、海岸沿いの崖や大木の上などに群れになって休息するのが見かけられる。オスメスで羽色に違いはない。成鳥は全身が黒色か黒褐色をしており、額や翼の前縁部分、腿、尾羽などの白色が際立っているのが特徴。背と胸の羽縁は灰白色。大きなくちばしは橙黄色で足も同じ色。幼鳥は全体が黒褐色で各羽の羽縁が淡色。尾羽は白く、羽先は黒い。年齢を重ねるにつれ、全体に黒味は増していくが、成鳥羽になるまでには7年程と長い年月がかかる。主に魚類を食べる。

DATA	
▶ 大きさ	全長95cm
▶ 生活型	冬鳥
▶ 生息地	沿岸海域、海岸近くの林、崖、湖沼、河川
▶ 時期	10月〜4月
▶ 鳴き声	争いや威嚇する際に鳴くことが多い。かすれたような太い声を出して鳴く。

採食

繁殖期にはウサギや海鳥も食べる

普段は朝日が昇る頃と休息後の午後に、海上を飛びながら魚類を探して食べている。だが、繁殖期になると魚類だけで足りずに海獣の死骸や海鳥などまでも食べ物として狙う。大きなくちばしと足を巧みに使って獲物を捕える姿には迫力がある。

見分け方

幼鳥の見わけ方

オオワシの幼鳥は、全体が黒褐色をしている。成鳥は尾羽が白いのに比べ、幼鳥は尾羽も白いが、羽先が黒いので見分けられる。また、若鳥は、全身が焦げ茶色で白い斑があるように見える。また、くちばしも成鳥に比べて年齢が若い個体などは黄色が薄くなっているのが特徴。

尾羽の外側が黒い

オオワシ幼鳥

海にいる鳥

解説

数を減らす自然のハンター

オオワシは世界的に希少なワシで、北海道など極東地域だけで見られる。漁にかかった魚や捕殺されたエゾシカを食べに集まってくることがある。しかし、1990年代の北海道では、鉛散弾で撃たれた動物の死骸を食べて鉛中毒になったオオワシが発見された例があるなど、生息数を減らしている種のうちのひとつである。また近年は、オオワシが主食にしているスケトウダラやサケも減少しているので、心配されている。

イソヒヨドリ

スズメ目ヒタキ科

磯鶫 | Blue Rock Thrush

\鳴き声/
ヒッヒッ

オス

メス

メスは体下面が褐色で鱗模様

オスの腹部から下尾筒はレンガ色をしている

海にいる鳥

岩場の上などで尾羽をゆっくり上下に動かす

日本国内ほぼ全国で観察できる鳥。岩場などの上で尾羽をゆっくりと上下に動かしながら獲物を探し、昆虫やフナムシ、トカゲなどを捕食する。メスは頭から背にかけて灰褐色で体下面は褐色の鱗模様となっている。羽ばたき飛行で直線的に飛び、風に乗るように滑翔する姿を観察することができる。繁殖期以外、一羽で生活していることが多く、非繁殖期にもなわばりをもっている。よくさえずる声が聞こえるが、ジョウビタキ（P.34）のような「ヒッヒッ」という声を出すこともある。特に春は美しい声で鳴く。近年、都市部でビルの屋上、屋根の隙間、通風口などに営巣することがあり、生息域を広げている。

DATA

- ▶ 大きさ　　全長23cm
- ▶ 生活型　　留鳥または漂鳥
- ▶ 生息地　　磯や港の海岸部、河川、山間のダム
- ▶ 時期　　　1月〜12月
- ▶ 鳴き声　　オスもメスも「ヒチョーチョビィチ ジュジュ」と美しい澄んだ声でさえずる。

見分け方

ヒヨドリに似ているがヒタキの仲間

ヒヨドリに似ていることからイソヒヨドリという和名がついているが、分類上はヒヨドリ科ではなくヒタキ科で、ツグミの仲間。ヒヨドリではないことに注意。オスの上面は青色で、腹部から下尾筒は赤褐色のレンガ色。繁殖期が近づくと、鳴き声も、ヒヨドリのさわがしい声とはまったく違い、美しい澄んだ声でさえずる。

タカ目タカ科
カンムリワシ
冠鷲 | Crested Serpent Eagle

頭は黒褐色で頬は青味のある灰色。冠羽には白斑がある

頸から体下面は茶褐色に白斑、雨覆は灰黒褐色に白斑

鳴き声
ピフィフィフィー

島にいる鳥

モノトーンの冠羽を持つ鳥

石垣島と西表島の林や湿地、水田などに、年間を通して生息する。日本の特別天然記念物として指定されている種のひとつ。名前の由来ともなっている、後頭部に黒色と白色が入り混じった短い冠羽があるのが特徴。くちばしの根元は黄色で先端に向けて灰黒色となる。足は淡い橙色。丸みを持つ翼は、飛翔時に翼下面にある黒褐色帯と淡い灰色帯が目立つ。オスメス同色。幼鳥は成鳥と比べて、全体的に白っぽく、淡黒褐色の丸い斑が目立つ体をしている。春先の3月頃から繁殖に入るが、繁殖期を除いては1羽で行動していることが多い。両生類、爬虫類、昆虫類、鳥類、カニなどの甲殻類などを食べる。

採食

獲物は待ち伏せして見つける

獲物を探す際には、林縁の木や電柱などに止まって待ち伏せをする。視界のいい、周りがよく見渡せる場所を探すと会えるかもしれない。カニ、ヘビ、カエル、昆虫類、鳥類など地上にいる獲物を見つけては捕らえる。特にヘビを好むとされている。繁殖期になると、早朝と夕方に親鳥が活発に獲物を捕らえる姿が見られる。

DATA

- 大きさ　　全長55cm
- 生活型　　留鳥
- 生息地　　石垣島、西表島（林、沢地、湿地、水田、草地）
- 時期　　　1月〜12月
- 鳴き声　　繁殖期には口笛によく似た甲高い声で鳴く。繁殖期以外ではほとんど鳴くことはない。

スズメ目ツバメ科

リュウキュウツバメ

琉球燕 | Pacific Swallow

額や頬、喉は赤褐色をしている

頭から上面は光沢ある紺色で、胸や腹など体下面は黒灰色

\ 鳴き声 /
ジュジュ

島にいる鳥

尾羽が短めのツバメ

国内では沖縄や奄美大島など南西諸島の一部にのみ、年間を通して分布している。海岸や河川、農耕地に生息する以外にも、人家付近などでもその姿はよく見かけることができる。ツバメ（P.25）によく似ているが、ツバメよりも尾羽は短く、下尾筒に模様があるのが特徴。頭から背にかけての光沢のある紺色が美しい。くちばしと足は黒い。オスメスともに羽色は同じ。幼鳥は赤褐色の部分が淡くなっており、体下面は白味のある灰色で、成鳥に比べると黒味はない。繁殖期を除いては群れで生活していることが多く、建物にツバメの巣と同じような形の巣を作る。ハエなどの昆虫類を食べる。

DATA	
▶ 大きさ	全長14cm
▶ 生活型	留鳥
▶ 生息地	沖縄など南西諸島の一部（海岸、河川、農耕地、集落）
▶ 時期	1月〜12月
▶ 鳴き声	「キューイキュキュキュ」とさえずる。繁殖期のオスのさえずりは、ツバメより1節は短く、長く続けることはない。

飛び方

飛翔行動はツバメと同じ

羽ばたきと滑翔をまじえながら飛ぶ様子は、ツバメの飛翔行動とよく似ている。人家の近くでも昆虫類などの食べ物を探す。ウシやニワトリの飼育場にいることも多く、周辺に飛んでいるハエを狙って、空中で見事に採食する姿が見られる。ツバメと異なり、静止時は翼の羽先が尾羽を覆う。翼は尾羽よりも長い。

スズメ目メジロ科
メグロ
| 目黒 | Bonin White-eye

\ 鳴き声 /
フィーヨ

黄色の頭部は額の部分にT字形に黒色がある

白のアイリングの周りは三角形に黒色がある

黄色の中に黒の斑が目立つ

現在は小笠原諸島の母島列島にのみ生息する。日本の固有種であり希少な鳥のひとつ。留鳥なので、小笠原諸島の母島では年間を通して観察することができる。メジロの仲間として白のアイリングがあるが、名前の通り、その周りには三角形に黒色斑があるのが特徴。体は全体に黄色く、背や頸側から胸、肩羽部分は黒っぽい灰色をしている。くちばしは細くて黒い。つがいで生活していることが多く、繁殖期にはオスとメスが交互に卵を温める。雑食性で、木の幹や枝に止まったままや地上に降りてきて、昆虫類を食べたり、木の実や花蜜なども食べる。パパイアなど熟した果実も好んで食べている。

島にいる鳥

すみか

明るいところより暗い場所を好む

主な行動範囲として、基本的に明るいところは好まない。普段は木が生い茂った暗い場所にいて、木の幹や枝を動き回っている。朝夕には農耕地にある木などに現れ、昆虫や木の実、花蜜、果実などの食べ物を採食している姿が見られる。

DATA	
▶ 大きさ	全長14cm
▶ 生活型	留鳥
▶ 生息地	小笠原諸島の母島（平地から山地の林）
▶ 時期	1月〜12月
▶ 鳴き声	地鳴きは高く鋭い音を発する。笛の音にもよく似ていて、よく鳴く。

スズメ目ヒタキ科

アカコッコ

島赤腹 | Izu Thrush

鳴き声 ツイー

オス

オスは頭部から胸までが黒く、メスはオスより淡色

頭部や尾羽は褐色

メス

体下面は濃い橙色で腹中央から下尾筒までは白い

喉は白色

島にいる鳥

腹部の色が漢字名の由来に

伊豆諸島に年間を通して生息する、日本固有種のひとつ。平地から山地の林、農耕地、林縁などで観察できる。それ以外でも獲物を探して、道路や人家の庭などの開けた場所に出現することもある。成鳥のオスは頭部から胸までと風切、尾羽は黒色。腹部は上の方が濃い橙色で中央から下尾筒までが白い。背や雨覆は濃い茶褐色。メスの頭部や尾羽は褐色で、喉は白く、全体に淡色をしているが、中にはオスの頭部の黒色味と近い個体もいる。オスもメスも目には黄色のアイリングがある。繁殖期を除いては1羽で生活していることが多い。昆虫類、ミミズ類、陸生貝類を食べる。

DATA

- 大きさ　　全長23cm
- 生活型　　留鳥、一部漂鳥
- 生息地　　伊豆諸島（林、農耕地、林縁）
- 時期　　　1月〜12月
- 鳴き声　　明るい日中に鳴くことはなく、ほとんどがまだ薄暗い早朝時に鳴く。

採食

食べ物を探す際の動きは軽やか

土の中や落ち葉などの下から、食べ物となる昆虫類やミミズ類などを探す際、地上を軽やかに跳ねるように歩いては立ちどまるというせわしない動作を何度も繰り返している。昆虫類やミミズ類以外に、熟した草木の実などもよく食べる様子が見られる。また、アカコッコは外来種のイタチに捕食されることがあり、個体数を減らしている。

スズメ目ヒタキ科

アカヒゲ

赤髭 | Ryukyu Robin

鳴き声：ヒーィ

- 頭頂からの上面は赤茶色
- 額から胸が黒いのでコマドリと識別できる
- 頭からの体下面が白っぽく、脇腹は黒灰色
- オスの腹は白く、脇腹には黒斑がある

メス

赤茶色の背中が特徴的

大隅半島、種子島、屋久島、トカラ列島、男女群島、奄美大島、加計呂麻島、徳之島に年間を通して生息する日本固有種。平地や低い山にある比較的暗い林の中や沢沿いの木などで見かけることができる。オスもメスも上面はオレンジ色に似た鮮やかな赤茶色をしている。オスのくちばしは黒く、足は黒味のある肉色。1羽あるいはつがいで生活しているものが多い。生息する島によってほかに2亜種がいて、沖縄諸島にいるのが亜種ホントウアカヒゲ。先島諸島には亜種ウスアカヒゲがいたが、近年は観察されていないため絶滅したと考えられている。動物食で、昆虫類、クモ類、ミミズ類などを食べる。

島にいる鳥

見分け方

動きはコマドリと似ている

歩いては時折立ちどまって胸を反らせ、尾羽を少し上げては左右に振る様子がよく見られる。この動きは、大きさも同じくらいのコマドリ（P.122）と似ているが、羽色のオレンジ色の配色に違いがあるのでそれを目安に見分ける。コマドリのオスは額から胸が赤褐色だが、アカヒゲの胸は黒い。しかし、学名がコマドリと入れ替わって名付けられているので混同されることがある。

DATA

- ▶ 大きさ　全長14cm
- ▶ 生活型　留鳥
- ▶ 生息地　大隅半島他（林、沢沿い）
- ▶ 時期　1月〜12月
- ▶ 鳴き声　「ヒーチョチョチョ」などとさまざまな声を組み合わせてさえずる。メスも短く小さな声で鳴く。

用語解説

【分類】

種の標準和名
同種の鳥をさす言葉が地方によってさまざまだと学問上不具合が起こる。そのため、関連学会によって認定された名前をさす。

種の英名
諸外国（特に英語圏）で使われている標準的な名前。本書では、『日本鳥類目録 改訂第7版』（2012年 日本鳥学会）に基づく。

種
生物を進化、系統学的に分類し、理解するための最も重要な基本単位である。形態的だけではなく、生態的にも他と異なる独自性もあり、遺伝学的にも独自、同一性のある生物集団（個体群）をさす。自然界では、2つの異なる種は生息地域が重なっていても、正常な条件下では交雑しない。

亜種
種を細分した分類学上の単位。鳥類の亜種では、同種ではあるものの繁殖地が異なり、くわえて同種の他の亜種とは形態や羽色などが明らかに区別できる生物集団（個体群）をさす。シジュウカラ（P.20～21）では20数亜種に分化しているが、ヒレンジャク（P.65）では分化していないなど、種によって差異がある。

【生活型】

留鳥（りゅうちょう）
同じ地域に年間を通して生息し、季節移動しない鳥（種）。だが、個体の入れ替わりや季節的に移入してきた個体を一部含むこともある。

漂鳥（ひょうちょう）
国内を季節移動する鳥（種）。高地で繁殖し、低地で越冬するものや、北海道で繁殖し、本州以南で越冬するものなどで、日本の留鳥の多くはこれに該当する。

夏鳥（なつどり）
日本を対象地域とすると、春に日本より南の地域から渡ってきて日本で繁殖し、秋には南の地域に渡って越冬する鳥（種）。

冬鳥（ふゆどり）
秋に日本より北の地域から渡ってきて日本で越冬し、春に北の地域に帰って繁殖する鳥（種）。

旅鳥（たびどり）
渡りの途中に日本に立ち寄る鳥。ふつう、日本より北の繁殖地と日本より南の越冬地を往復する鳥（種）をさす。繁殖地が日本より南にある鳥（種）も含まれる。

迷鳥（めいちょう）
ふつうは生息していない地域に迷行した鳥（種）をさす。

【繁殖と成長段階】

成鳥（せいちょう）
性的に成熟した繁殖能力がある鳥をさし、幼鳥、若鳥、亜成鳥、未成鳥などに対する用語。多くの種では、幼鳥羽と成鳥羽はかなり異なる。幼鳥羽から成長して羽毛の変化が止まった年齢の個体を、ふつう成鳥羽の個体という。とはいえ、成鳥羽になる前に繁殖するケースが見られる種もある。

若鳥（わかどり）
明確な規定はなく、ふつう成鳥に対して若い鳥をさす。亜成鳥ともいう。成鳥羽に変わるまでの若い個体で、第1回冬羽個体、第1回夏羽個体などがある。小鳥類（スズメ目の種）では、あまり若鳥とはいわず、比較的大型の種で、幼鳥、若鳥、成鳥の順で個体の幼成を表現することが多い。

幼鳥（ようちょう）
特に規定があるわけではないが、卵からかえって羽毛が生え揃い、第1回換羽までの間の個体は幼羽幼鳥といわれる。また、小鳥類（スズメ目の種）では、ふつう満1歳までの個体を幼鳥という。

ヒナ

特に規定があるわけではないが、卵からかえって、幼羽が生え揃うまでの間の個体を指すことがふつう。

【羽毛と形態】

羽衣

風切、尾羽、体羽などからなる、鳥の体を覆う羽毛全体をさす。羽衣は、定期的で規則性のある換羽によって更新され、くわえてオス、メス、年齢、季節などで異なっていることがある。

第1回冬羽個体

生後初めての冬期の羽衣の個体。

第1回夏羽個体

生まれた翌年の夏期の羽衣の個体。

第2回冬羽個体

第2回目の年の冬期の羽衣の個体。

夏羽（繁殖羽）

つがい形成する時期や繁殖期の羽衣をいう。多くは冬羽に比較して鮮やかでよく目立つ場合が多い。メスよりオスの方が鮮やかなことが多い。カモ類の多くは、秋の換羽で夏羽になり、越冬中につがいの形成が行われる。夏羽は繁殖に関わる羽毛といえる。

冬羽（非繁殖羽）

多くの種で繁殖期が終わる頃から行われる定期的な換羽で生え変わる羽衣をいう。

エクリプス

カモ類、サンショウクイ科などの一部の種のオスで観察される特殊な羽衣をさす。例えば夏羽が鮮やかな羽色のカモ類の成鳥オスは、繁殖期後期に換羽し、メスと似た目立たない羽色（エクリプス）になる。日本に渡来する時期でもこの状態の個体が多く見られる。

サブ・エクリプス

ハシビロガモ（P.159）の成鳥オスで秋に見られる特異な羽衣。エクリプスと繁殖羽の中間で、この羽衣は繁殖羽が不完全であるように見える。

婚姻色

繁殖直前や繁殖中、一時的に、足の一部、くちばし、目先などの裸出部の色彩が鮮やかになった色彩をさす。

換羽

汚れたり傷んだりした古い羽毛を定期的に換える、羽毛の抜け換わりをさす。これにより夏羽や冬羽に変わることができる。

翼鏡

カモ類の次列風切の一部で、金属光沢のある部分をさす。

縦斑（縦線）

体羽の模様のうち、頭と尾羽を結ぶ線（脊椎、あるいは体軸）と平行な斑や線をさす。

横斑（横線）

体羽の模様のうち、頭と尾羽を結ぶ線（脊椎、あるいは体軸）と直角にある斑や線をさす。

翼帯

翼の基部と先端部を結ぶ線と平行な方向に出る帯状の模様。翼の上面や下面にある。

タカ斑

ふつうハイタカ類の翼下面に見られる白黒のまだら模様をさす。タカ類以外の種でも、この模様に似る斑はタカ斑ということが多い。

羽角

フクロウ科の鳥類の頭部に生えている。左右一対で、羽毛が束になったもの。

用語解説

裸出部（らしゅつぶ）
鳥の体で、羽が生えておらず肌がむき出しになった部分のことをさす。タンチョウ（P.176～177）の頭頂部の赤く見える部分などがある。

【飛翔】

帆翔（ソアリング）
翼を広げたまま、羽ばたかずに上昇気流を利用して飛ぶこと。帆翔飛行をさす。

滑翔（グライディング）
羽ばたき飛行の合間に入れる飛び方で、数回の羽ばたきの後に翼を広げて滑るように飛ぶこと。滑空飛行をさす。

停空飛行（ホバリング）
翼を高速かつ小刻みに羽ばたいて、空中に浮いたように留まる空中停止飛行をさす。

波状飛行（はじょうひこう）
波状の奇跡を描く飛翔をさす。羽ばたいた後に翼を一度閉じると体全体が落ちるように下降しつつ前進し、続いて羽ばたいて上昇進行するという運動を繰り返す飛び方で、主に小鳥に多く見られる。

求愛飛行（ディスプレイ・フライト）
異性に誇示する行動の一つで、輪を描いたり、急降下したり、追いかけ合ったりする飛翔。

フライング・キャッチ
飛びながら空中の獲物を捕らえること。

【行動】

ディスプレイ
自分を誇示する行動で、求愛の行動（ディスプレイ・フライト、ディスプレイの声など）をさす場合が多い。威嚇のディスプレイもある。

日光浴
体の羽毛を逆立てるようにしたり、翼を両方、または片方ずつ広げたりして日に当てる。濡れた羽を乾かすため、もしくは寄生虫などを駆除するために行う。カワウ（P.167）などによく見られる。

砂浴び
羽毛についた寄生虫を駆除するために、乾いた砂や土を浴びることをさす。バリエーションとして、煙浴や蟻浴（ぎよく）をするものもいる。

水浴び
水に入って羽ばたいて体に水をかけたり、水につかったりすることをさす。汚れや寄生虫から羽毛を守り、整えるための手入れの方法のひとつ。

羽づくろい
何かを浴びた後に、くちばし（頭をかく場合は足）で羽毛を整えること。

歩く（ウォーキング）
人間と同じように、両足を交互に前に出して歩くことをさす。

跳ね歩く（ホッピング）
両足をそろえて、ピョンピョンと続けて跳ねて歩くことをさす。

集団営巣（コロニー）
比較的近いところに集合して営巣することをさし、同種だけのコロニーや数種が混じったコロニーがある。

抱卵（ほうらん）
卵を抱いて、暖めることをさす。

托卵（託卵）（たくらん）
他の種の鳥の巣に卵を産み込むこと。日本ではカッコウ類で観察される。その種の親（仮親）に自分の卵だと思わせ、抱卵、育雛をさせる。

渡り
一定の繁殖地と越冬地を定期的に行き来することをさす。

越夏
(1) 通常は繁殖地へ渡去する冬鳥や旅鳥が、けがや病気など何らかの理由で日本に留まり夏を越すこと。(2) シギ類、アジサシ類、カモ類などの一部の種の若齢未繁殖の個体(健康に支障はない)が、越冬地やその近くで夏を越すこと。

越冬
冬の期間を過ごすこと。

【鳴き声】

さえずり
一般に、繁殖期に小鳥類のオスがメスに求愛するときや、縄張り宣言をするときの鳴き声をさす。

地鳴き
さえずり以外の鳴き声で、単純な「チッ」「ピッ」という声が多い。

ぐぜり
さえずりに似た小さな鳴き声で、ぶつぶつつぶやくように発せられる。動詞として「ぐぜる」ともいう。

【羽を表す色名】

汚白色
純白でも灰色でもなく、部分的に汚れた全体的には白っぽい羽毛をさす。

バフ色
枯れ草色、黄土色のような茶色をさす。

【その他】

縄張り
同種の他の個体に対して、1羽あるいはつがいが占有するある一定の区域。目的は、食物の確保、つがいの形成、営巣場所の確保などがあげられる。

ソングポスト
主に小鳥類がよく止まってさえずる場所。一般的に周囲が見晴らせるところで、縄張り内に数カ所があり、日に何度も巡回してさえずり、縄張り維持に役立てる。

ねぐら
休息や睡眠をとる場所。種や季節によって異なるが、天敵から逃れやすい安全性を求められる。

沿岸地域
陸に近接した海域。本書では、陸から見える範囲をさす。

沖合
沿岸地域より遠い海域。本書では、陸から肉眼では見えない距離の海上をさす。

昆虫類
本書では、昆虫類の成虫と幼虫のどちらも示す場合は「昆虫類」と記載し、昆虫類の幼虫だけをさす場合は「昆虫類の幼虫」とした。

繁殖地
ある種が繁殖する地域をさす。

繁殖期
繁殖に関わる時期をさす。

非繁殖期
繁殖に関わらない時期をさす。

越冬地
冬を過ごす地域をさす。

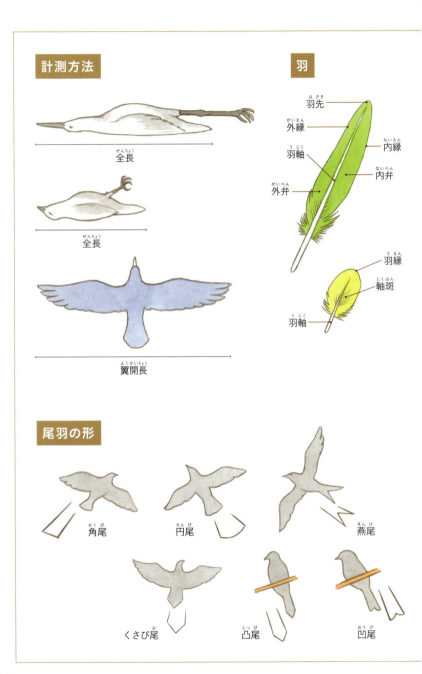

飛び方と歩き方

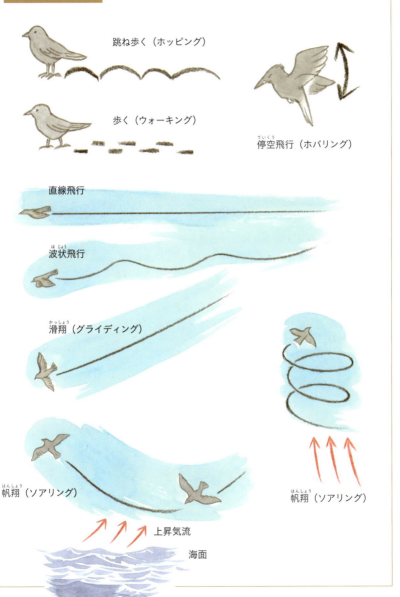

バードウォッチングを楽しむ
服装と持ち物について

服装

気軽に街中の公園のような場所でバードウォッチングを楽しむのなら、特別な装備は不要で、いつもの服装で大丈夫です。

双眼鏡を使うのであれば、両手が塞がらないザック（リュックサックなど）に荷物をまとめるのがよいでしょう。体にあったものを選ぶことで、疲労感が格段に軽減されます。

自然の中に出かけるのであれば、正しい知識とそれに対処する装備が大切です。季節や行く環境にあわせて服を選びます。夏は日焼け、冬は寒さを防ぐために長袖に帽子、手袋が必須です。

帽子はツバが広すぎるものは双眼鏡を構える際に邪魔になります。襟につけるストッパーがあると風に飛ばされず、よいでしょう。撮影目的なら、手袋は指なしが便利です。上着は防寒・防水・保湿を考慮し、ポケットがあるものが使いやすいでしょう。

服の色味は、目立つ配色を避け、自然にとけ込むものを選ぶと鳥が驚きません。足元は歩きやすいトレッキングシューズ、もしくは雨上がりや湿地を歩くなら長靴がいいでしょう。

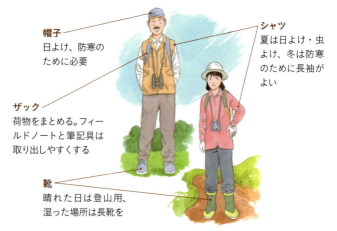

帽子
日よけ、防寒のために必要

シャツ
夏は日よけ・虫よけ、冬は防寒のために長袖がよい

ザック
荷物をまとめる。フィールドノートと筆記具は取り出しやすくする

靴
晴れた日は登山用、湿った場所は長靴を

持ち物

☐ **本書**	鳥を姿と声で調べられる
☐ **スマートフォン**	本書で声を確認したり、鳴き声を録音したりできる
☐ **イヤホン**	音声確認時に必須
☐ **双眼鏡**	バードウォッチングには必需品
☐ **メモ&ペン**	硬い表紙のフィールドノートが便利。どこでどんな鳥を見たかの記録用に
☐ **水筒&食料**	長時間移動や自然の多い場所に行くときに
☐ **防寒着**	小さくたたんでザックに入るものが便利
☐ **カメラ&三脚**	観察した鳥を記録しよう
☐ **日焼け止め&虫除け**	夏の必需品

カメラ

画質にこだわるのであれば一般的にはデジタル一眼レフがおすすめ。軽量で取り回しやすいミラーレス一眼やコンパクトデジカメで「鳥撮り」する人も増えています。スマートフォンで撮影するのはシャッター音で鳥が驚いて飛び去ることもあるので、フラッシュも含めて使用は避けましょう。

双眼鏡

バードウォッチングに最適な倍率は8倍前後です。鳥に近い方の対物レンズは、視界の明るさを左右するので、30〜40mmのものがいいとされます。レンズが大きすぎると重量が増し、疲労や手ぶれの原因になります。専門店などで実物を手にして、ご自身の体力にあったものを選びましょう。

スコープ

双眼鏡よりも倍率の大きい、野外用の望遠鏡をスコープといいます。20〜40倍が主流で、鳥をとても大きく見ることができます。三脚につけて使用するのが一般的。視野が狭く、目標物を入れるのが難しいので、見晴らしがよくて中型の鳥が多い水辺の観察などに向いています。

バードウォッチングの
マナーと心構えについて

鳥の生活を守る

美しくかわいらしく、魅力がいっぱいの野鳥ですが、私たち人間がその生活を侵害してはいけません。鳥が安心できる距離をとって観察することが、長期的には観察者のためにもなります。バードウォッチングをはじめ、撮影や録音に夢中になってしまうと、知らないうちに鳥そのものや自然の環境、周囲の人々に取り返しのつかない傷跡を残してしまうことがあります。

巣には近づかない

子育ての季節、親鳥は特に神経質になることが多いので、巣の中にいるヒナや巣に入ろうとしている親鳥には絶対に近づいてはいけません。巣の近くで待ち構えて撮影するなど、プレッシャーを与えるのも避けましょう。親鳥が巣に戻れなくなりヒナが弱ることはもちろん、親鳥が巣ごと見捨ててしまうこともしばしばあります。

鳥を疲れさせない

珍しい鳥を見つけたら、その鳥は生息地や渡りのルートから外れて渡来したケースで、弱っている可能性があります。珍鳥だと騒ぎ立て、むやみに近づいたり、取り囲んで撮影したりしてストレスを与えたりすることは望ましくありません。

環境への配慮

ゴミを捨てたり、撮影に都合良く植物を切ったり抜いたりすることは許されません。鳥という自然に楽しませてもらっているのですから、十分に配慮しましょう。田んぼに入り込んで畦をこわしたりすることは論外ですが、道で集団になって三脚を並べたり、私有地に無断で駐車したりと、地元の方の生活を侵すようなことは時に警察を巻き込んだトラブルになり、バードウォッチャーの品格自体が疑われます。また、どんな理由があっても立ち入り禁止区域に踏み込むことはやめましょう。

撮影は時に鳥の生活を脅かす

美しく、かっこいい写真を撮って、人に認めてもらうのはうれしいことです。しかし、それを目的に鳥の生活をおびやかすことは許されません。
例えば餌付け。カラスやハトのように人の生活と軋轢が生じている鳥、生態系に影響を与えている外来種・移入種、水質悪化がいわれている場所などでは行うべきではありません。また、不安定な餌付けや撮影のための無理な給餌が鳥の生活サイクルを狂わせることもあります。
近年ではブログやSNSで気軽に鳥の情報をアップすることができますが、その影響で、時に数百人という人数が集まり、鳥への影響どころか周辺の木の枝が折られるなど生息環境が変えられてしまった事例も報告されています。
撮影のためにしたことで、確かにその場では望ましいシャッターチャンスに出会える確率は高まるかもしれませんが、それが原因で鳥が来なくなる可能性が高まっては本末転倒です。撮らない勇気も大切にして、撮影を楽しんでください。

お気に入りの野鳥をカメラに収める
野鳥の撮影方法について

野鳥撮影の準備をする

レンズを選ぶ

野鳥撮影は、被写体の野鳥に近づきすぎると逃げられてしまう可能性が高いので、遠距離での撮影になりがちです。
そのため、撮影には望遠レンズが必須です。一眼レフカメラの場合、公園の池など人慣れしている場所で羽を休めるカモなどを撮るのなら、200mmのレンズでも撮影できます。ただし、細かいディティールを写したり、背景にもこだわったりしたい場合は、400mm以上のレンズが最適です。近づいても逃げない野鳥なら標準レンズでも構いませんが、そういったケースは稀です。撮りたい被写体に合わせて、操作性のいいカメラとレンズを選びましょう。

三脚を使う

野鳥撮影で問題になるのが撮影機材の重さです。望遠レンズはかなりの重量になるため、手持ちの状態では撮影が困難です。そんなとき三脚があると、カメラが安定するので、手ブレを防ぐことができます。安定した三脚を使ってカメラを構えることで、野鳥にピントが合った写真が撮影できるようになります。
手ブレ防止以外にも、三脚には利点があります。それは、構図決定のしやすさです。三脚を使うと、カメラのいろいろな設定を厳密にでき、その状態を維持することが可能です。
また、三脚は安定性を重視すれば、同時にしっかりとした作りのものになるので、当然三脚自体も重くなります。野鳥撮影では、山道や川辺を歩くことも多く、持ち運び時間を考えると、重すぎる三脚は避けた方がいいでしょう。

野鳥撮影を楽しむ

図鑑写真のような全身が見える写真を撮る

野鳥撮影で最初に試してみたいのが、野鳥の全身を横から撮ること。頭から尾羽の先までを画面に収め、その野鳥の特徴がよくわかるように撮るのがポイントです。画面に野鳥の姿を収めたら、すばやくピントを目に合わせます。

つがいや親子を同じ構図に入れる

つがいなどのペアでの行動が特徴的な野鳥は、2羽とも全身がきれいに見えるように、横から撮影します。奥行きがある構図になる場合は、手前の個体にピントが合いがちになり、奥の個体がボケてしまうので、できるだけ、2羽が近づいた瞬間を狙いましょう。

風景写真の中に野鳥を入れこむ

撮影場所ならではの植物や、撮影時期がわかる風景を写し込むと、情感のある野鳥写真になります。新緑や雪など、季節を感じさせるモチーフが入るといいですね。ピントの合っている部分とボケている部分を出すことで、画面に動きが出ます。

さくいん

ア
- アオアシシギ……225
- アオゲラ……52
- アオサギ……171
- アオジ……146
- アオバズク……49
- アオバト……78
- アカエリカイツブリ……215
- アカゲラ……51
- アカコッコ……240
- アカショウビン……93
- アカハラ……121
- アカヒゲ……241
- アカモズ……56
- アジサシ……194
- アトリ……136
- アビ……216
- アホウドリ……218
- アマツバメ……86
- アリスイ……95

イ
- イカル……141
- イカルチドリ……182
- イスカ……140
- イソシギ……189
- イソヒヨドリ……236
- イワツバメ……27
- イワヒバリ……132

ウ
- ウグイス……30
- ウソ……138
- ウチヤマセンニュウ……109
- ウミアイサ……214
- ウミウ……168
- ウミネコ……230

エ
- エゾセンニュウ……110
- エゾムシクイ……106
- エゾライチョウ……76
- エナガ……62

オ
- オオアカゲラ……96
- オオジシギ……87
- オオジュリン……208
- オオセグロカモメ……232
- オオセッカ……203
- オオソリハシシギ……224
- オオタカ……46
- オオハクチョウ……152
- オオハム……217
- オオバン……180
- オオミズナギドリ……220
- オオヨシキリ……204
- オオルリ……131
- オオワシ……234
- オカヨシガモ……155
- オグロシギ……185
- オシドリ……154
- オジロワシ……198
- オナガ……22
- オナガガモ……160
- オバシギ……191

カ
- カイツブリ……164
- カケス……57
- カシラダカ……143
- カッコウ……82
- カモメ……231
- カヤクグリ……133
- カラスバト……77
- カルガモ……158
- カワアイサ……163
- カワウ……167
- カワガラス……117
- カワセミ……200
- カワラヒワ……37
- カンムリカイツブリ……165
- カンムリワシ……237

キ
- キアシシギ……226
- キクイタダキ……102
- キジ……40
- キジバト……41
- キセキレイ……134
- キバシリ……114
- キビタキ……128
- キョウジョシギ……190
- キレンジャク……64

- キンクロハジロ……211

ク
- クイナ……178
- クサシギ……187
- クマゲラ……97
- クロジ……147
- クロツグミ……120

ケ
- ケリ……44

コ
- コアジサシ……195
- コアホウドリ……218
- コイカル……70
- ゴイサギ……169
- コウノトリ……166
- コオリガモ……213
- コガモ……161
- コガラ……59
- コクガン……209
- コゲラ……18
- コサギ……174
- コサメビタキ……126
- コシアカツバメ……26
- ゴジュウカラ……113
- コジュリン……73
- コチドリ……183
- コノハズク……89
- コハクチョウ……151
- コマドリ……122
- コミミズク……50
- コムクドリ……116
- コヨシキリ……111
- コルリ……123

サ
- ササゴイ……170
- サシバ……47
- サメビタキ……126
- サンコウチョウ……100
- サンショウクイ……99

シ
- シジュウカラ……20
- シマアオジ……72

シマセンニュウ……108	トラツグミ……119	ホシハジロ……210
シメ……69	トラフズク……92	ホトトギス……81
ジュウイチ……80		
ショウドウツバメ……202	**ナ**	**マ**
ジョウビタキ……34	ナベヅル……42	マガモ……157
シロエリオオハム……217		マガン……150
シロチドリ……222	**ニ**	マヒワ……137
シロハラ……66	ニュウナイスズメ……35	マミジロ……118
ス	**ノ**	**ミ**
ズグロカモメ……227	ノゴマ……68	ミサゴ……233
ズグロミゾゴイ……79	ノジコ……144	ミソサザイ……115
スズガモ……212	ノスリ……48	ミヤマホオジロ……145
スズメ……36	ノビタキ……130	
		ム
セ	**ハ**	ムクドリ……32
セイタカシギ……223	ハクセキレイ……38	
セグロセキレイ……205	ハシビロガモ……159	**メ**
セッカ……112	ハシブトガラ……58	メグロ……239
センダイムシクイ……107	ハシブトガラス……24	メジロ……31
	ハシボソガラス……23	メボソムシクイ……105
タ	ハチクマ……45	
ダイサギ……172	ハマシギ……193	**モ**
ダイゼン……221	ハリオアマツバメ……43	モズ……19
タカブシギ……188	バン……179	
タゲリ……181		**ヤ**
タシギ……184	**ヒ**	ヤマガラ……103
タヒバリ……206	ヒガラ……104	ヤマゲラ……53
タマシギ……196	ヒシクイ……148	ヤマセミ……199
タンチョウ……176	ヒドリガモ……156	
	ヒバリ……60	**ユ**
チ	ヒヨドリ……28	ユリカモメ……228
チゴハヤブサ……98	ヒレンジャク……65	
チゴモズ……55	ビンズイ……135	**ヨ**
チュウサギ……174		ヨタカ……85
チュウシャクシギ……186	**フ**	
チョウゲンボウ……54	フクロウ……90	**ラ**
	ブッポウソウ……94	ライチョウ……74
ツ		
ツグミ……67	**ヘ**	**リ**
ツツドリ……84	ベニマシコ……207	リュウキュウツバメ……238
ツバメ……25		
ツミ……88	**ホ**	**ル**
	ホオアカ……142	ルリビタキ……124
ト	ホオジロ……71	
トウネン……192	ホオジロガモ……162	
トビ……197	ホシガラス……101	

監修・写真
叶内拓哉（かのうち・たくや）
1946年東京都生まれ。子どものころから動植物に興味を持つ。東京農業大学農学部卒業。卒業後9年間造園業に従事し、その後野鳥写真家として独立、現在に至る。著書に、『りんご 津軽りんご園の1年間』（福音館書店）、『くらべてわかる野鳥』（山と渓谷社）、『日本の鳥300改定版』『絵解きで野鳥が識別できる本』『野鳥と木の実と庭づくり』（文一総合出版）、共著書に、『山渓ハンディ図鑑7新版日本の野鳥』（山と渓谷社）、『いつ寝るの？』（福音館書店）、『日本の野鳥識別図鑑』（誠文堂新光社）等多数。

音声協力
認定NPO法人バードリサーチ

STAFF
編集
株式会社ナイスク（http://naisg.com）
松尾里央　高作真紀　藤原祐葉　江川洋平
柴田由美　鈴木英里子　小池那緒子　杉中美砂

執筆
溝口弘美　金子志緒　柿川鮎子

デザイン・DTP
レンデデザイン
小澤都子

イラスト
角愼作

サイト構築
株式会社デジタル・プランニング

校正
くすのき舎（小宮順平）
株式会社ぷれす

参考文献
『山渓ハンディ図鑑7新版日本の野鳥』
2013年（山と渓谷社）
『フィールド図鑑日本の野鳥』
2017年（文一総合出版）
『ぱっと見わけ観察を楽しむ野鳥図鑑』
2015年（ナツメ社）
『鳴き声と羽根でわかる野鳥図鑑』
2010年（池田書店）

自然散策が楽しくなる！
見わけ・聞きわけ　野鳥図鑑

監修者	叶内 拓哉
発行者	池田 士文
印刷所	大日本印刷株式会社
製本所	大日本印刷株式会社
発行所	株式会社池田書店
	〒162-0851
	東京都新宿区弁天町43番地
	電話　03-3267-6821（代表）
	振替　00120-9-60072

落丁・乱丁はおとりかえいたします。
©K.K.Ikeda Shoten 2018, Printed in Japan
ISBN978-4-262-16756-5
音声データの著作権は認定NPO法人バードリサーチと株式会社池田書店に属します。個人ではご利用いただけますが、再配布や販売、営利目的の利用はお断りさせていただきます。

本書のコピー、スキャン、デジタル化等の無断複製は著作権法上での例外を除き禁じられています。本書の代行業者等の第三者に依頼してスキャンやデジタル化することは、たとえ個人や家庭内での利用でも著作権法違反です。

23051309